காகிதம்

வி.எஸ்.ரோமா

Made with ❤ on the Notion Press Platform
www.notionpress.com

பொருளடக்கம்

1

காகிதம்

————— ❧ —————

காகிதம் முதலில் தோன்றியபோது, அது விலை உயர்ந்தது, பெரும்பாலும் புனிதமான பொருள். அதன் உற்பத்தியின் முறை கடுமையான நம்பிக்கையுடன் வைக்கப்பட்டது, மேலும் இந்த ரகசியத்தின் உரிமையாளர்கள் மிக உயர்ந்த சமூக அந்தஸ்துள்ள மக்கள்.

நம் காலத்தில், மனித செயல்பாடு மற்றும் வாழ்க்கையின் அனைத்து துறைகளிலும் காகிதத்தின் மீது பனிச்சரிவு போன்ற படையெடுப்பை நாங்கள் கண்டிருக்கிறோம். கிராபிக் வகைகள் என அழைக்கப்படுபவை (அச்சிடுதல், எழுதுதல், அலுவலகம் மற்றும் பொறியியல் நடவடிக்கைகள் போன்-றவை), பேக்கேஜிங் செய்வதற்கான காகிதம் மற்றும் அட்டை, சுகாதார-சுகாதார வகை காகிதங்கள், வால்பேப்பர், வடிப்பான்கள் மற்றும் உலகில் பிற பயனுள்ள தயாரிப்புகளில் செயலாக்க 300 மில்லியனுக்கும் அதிகமானவை வருடத்-திற்கு டன், அதாவது, பூமியின் ஒவ்வொரு குடியிருப்பாள-ருக்கும் 50 கிலோகிராம்களுக்கு மேல் உள்ளது!

1. பண்டைய காலங்களிலிருந்து, இரண்டு போக்குகள் காகிதத்தின் உற்பத்தி மற்றும் பயன்பாட்டில் ஒன்றிணைந்தன.

முதலாவது பரவலான பயன்பாட்டிற்கான பொருளை உருவாக்கும் விருப்பத்துடன் தொடர்புடையது - முதன்மை-யாக எழுதுதல், அச்சிடுதல் மற்றும் தகவல்களை பதிவு

செய்வதற்கான பிற முறைகள், அலங்கார பொருட்கள் போன்றவற்றுக்கு.

இரண்டாவது காகித உற்பத்தியின் செயல்முறையை இனப்பெருக்கம் செய்வதில் உள்ள சிரமத்தை அடிப்படை-யாகக் கொண்டது, அதே போல் காகித உற்பத்தியில் சிறப்பு நுட்பங்களைப் பயன்படுத்துவது, அதில் இருந்து சில அடை-யாள அடையாளங்களைப் பயன்படுத்துதல், அதிலிருந்து தயாரிக்கப்பட்ட காகிதம் மற்றும் தயாரிப்புகளை ஒரு விதி-விலக்கான, மறுக்கமுடியாத தன்மையைக் கொடுக்கும். இது வர்த்தகத்தில், சொத்து உறவுகளில் உலகளாவிய சமமான உற்பத்திக்கு இந்த காகிதத்தைப் பயன்படுத்துவதை சாத்திய-மாக்குகிறது -

சிறந்த காகிதத்தில் வேலைப்பாடு பலகைகளுடன் அச்சி-டப்பட்ட முதல் காகித பில்கள் XNUMX ஆம் நூற்றாண்-டில் சீனாவில் தோன்றின. சிறப்பு அதிகாரிகள் ஒவ்வொரு காகிதத்திலும் தங்கள் பெயர்களை வைத்து அவர்களின் முத்திரைகளை ஒட்டினர்.

ரஷ்யாவில் முதல் காகித பணத்தின் தோற்றம் 1769 இல் இரண்டாம் கேத்தரின் ஆட்சிக்காலம்.

ரஷ்யாவில், 1818 ஆம் ஆண்டில், அலெக்சாண்டர் I இன் முடிவால், ஒரு அரசு நிறுவனம் உருவாக்கப்பட்டது - ஒரே இடத்தில் உற்பத்தி செய்வதற்கான ஒரு சிறப்பு நிறு-வனம் மற்றும் வங்கி நோட்டுகள் மற்றும் ரூபாய் நோட்டுகள், தோற்றத்தில் புதியவை, கள்ளத்தனத்திற்கு எதிராக முடிந்த-வரை உத்தரவாதம். 1919 முதல் இது கோஸ்னாக் ஆகும்.

மரம்: இது சீனாவில் சுமார் 105 இல் காய் லுன் என்ற மனிதரால் கண்டுபிடிக்கப்பட்டது. ஒரு மல்பெரி பட்டைக்-குள்ளான இழைகளிலிருந்து காகிதத்தை தயாரிக்க ஒரு வழியைக் கண்டுபிடித்தார்.

காகிதம் (Paper) என்பது எழுதுவதற்கும், அச்சிடுவதற்-கும் பயன்படும் ஒரு மெல்லிய பொருள்ஆகும்.

மரம்,கந்தல் அல்லது புல் ஆகியனவற்றிலிருந்து கிடைக்-கும் செல்லுலோசுக் கூழின் ஈரமான இழைகளை அழுத்தி

பின்னர் நெகிழும் தன்மை கொண்ட தாள்களுக்கிடையில் உலர்த்தி இக்காகிதத்தைத் தயாரிக்கிறார்கள். எழுதுதல், அச்சிடுதல், பொட்டலம் கட்டல், தொழில்துறை மற்றும் கட்டுமான செயல்முறைகள் உட்பட பல பயன்களைக் கொண்ட ஒரு பல்துறை பொருளாக காகிதம் பயன்படுகிறது.

மரக்கூழிலிருந்து காகிதம் தயாரிக்கும் அனைத்துலக காகிதம் என்ற காகித ஆலை

கி.மு 2 ஆம் நூற்றாண்டின் தொடக்கம் முதல் கி.மு. 105 ஆம் ஆண்டு வரையிலான காலத்தில் சீனாவில் மரக்கூழிலிருந்து காகிதம் தயாரிக்கப்பட்டதாகக் கூறப்படுகிறது. எனினும் இரண்டாம் நூற்றாண்டுக்கு முன்னரே சீனாவில் காகிதம் பயன்படுத்தப்பட்டதற்கான தொல்லியல் சான்றுகள் உள்ளன. மரக்கூழ் மற்றும் காகிதத் தொழில் தற்காலத்தில் நவீனமாக்கப்பட்டு உலகளாவிய நிலையை எட்டியுள்ளது. காகித உற்பத்தியில் சீனா முதலிடத்திலும் அதைத்தொடர்ந்து அமெரிக்கா இரண்டாவதாகவும் திகழ்கின்றன.

மேலும் பேப்பர் (Paper) என்ற சொல்லும் பாப்பிரஸ் (Papyrus) என்ற சொல்லில் இருந்து பிறந்ததே ஆகும். எகிப்தியர்கள் பாப்பிரஸ் தாள்களில் எழுதிவந்த அதே கால கட்டத்தில் சீனர்கள் விலங்குகளின் எலும்புகளிலும், மூங்கில் தடிகளிலும் தான் எழுதிவந்திருக்கிறார்கள்.

பதினெட்டாம் நூற்றாண்டு வரையில் பேப்பர் கடும் நிறம் (கால்நடைகளின் சான நிறம்) கொண்டதாகத்தான் இருந்தது, 1844-ஆம் ஆண்டு சார்லஸ் மற்றும் கெல்லர் ஆகியோர் இணைந்து வெள்ளை நிற பேப்பரை உருவாக்கும் தொழில் நுட்பத்தினை கண்டறிந்தார்கள். அன்றுமுதல் வெள்ளை நிற காகிதம் தயாரிக்கப்பட்டு வருகிறது. நாம் வீணடிக்கும் ஒவ்வொரு பேப்பரிலும் ஒரு மரத்தின் உயிர் வீணடிக்க படுகிறது என்பதை மனதில் கொண்டு பேப்பர்களை மிக சிக்கனமான உபயோகித்து சுற்றுசூழலுக்கு நம்மால ஆன நன்மையை செய்திடுவோம்

காகித மரம்

மெலலியுக்கா லியுகாடென்ரான்- மரம்

இதரப் பெயர்கள்

1. காகித பட்டை
2. சதுப்பு தேயிலை மரம்

இம்மரம் 35 அடி உரம் வளரக்கூடியது.

பூக்கள் புட்டியை கழுவ பயன்படுத்தும் குஞ்சம் போல் இருக்கும். இது வெளுத்தும், சில சமயங்களில் மஞ்சள், இளம் சிவப்பு நிறத்திலும் இருக்கும். இம்மரம் சதுப்புகளிலும், உப்பு நீரிலும், வறண்டப் பகுதியிலும் நன்கு வளர்கிறது. இதன் இலையிலிருந்து எடுக்கப்படும் எண்ணெய் மருந்தாக-வும், டானிக்காகவும் பயன்படுகிறது.

இம்மரத்தின் பட்டை காகிதம் போன்று வெளுப்பாக இருக்கும். இப்பட்டை நார் நிறைந்தும், மிருதுவாகவும், உரிக்கக் கூடியதாகவும் உள்ளது. இப்பட்டை பல மெல்லிய அடுக்குகளால் ஆனது. இதை தனித்தனியாக உரித்து எடுக்கலாம். இது பார்ப்பதற்கு பேப்பர் போல உள்ளது. இவை நன்கு உழைக்கக் கூடியவை. இதைக்கொண்டு பழங்-களை கட்டுவதற்கும், வீட்டின் மேற்கூரை மேய்வதற்கு படகு கட்டுவதற்கும் பயன்படுத்துகிறார்கள். பேப்பர் போல எழு-தவும் பயன்படுத்தலாம். இம்மரம் மலேயா, ஆஸ்திரேலியா ஆகிய பகுதிகளில் வளர்கிறது. இவற்றில் 100 இன மரங்-கள் உள்ளன.

தமிழ்நாடு செய்திதாள் காகித ஆலை நிறுவனம்

(TNPL) தமிழக அரசால் செய்திதாள் மற்றும் எழுத்து வகை காகிதங்கள் கரும்புச் சக்கையிலிருந்து தயாரிக்கப்படு-கிறது. இந்நிறுவனமானது சுற்றுச்சூழலை பாதிக்காத வண்-ணம் உருவாக்கப்பட்டது. இது கரூர் மாவட்டம், புகழூர் காகிதபுரம் என்ற இடத்தில் அமைந்துள்ளது.11.0488°N 77.9977°E இதன் தலைமை அலுவலகம் சென்னை கிண்டியில் உள்ளது.

வரலாறு: நவீனகாலக் காகிதத்திற்கு முன்னோடியாக சீனாவில் 2 ஆவது நூற்றாண்டு முதலே காகிதம் பயன்பட்டு

வந்ததை தொல்லியல் ஆய்வுகள் தெரிவிக்கின்றன. இக்-
காலகட்டத்தில் சீனாவைச் சேர்ந்த "சாய்லுன்" என்பவர்
தான் முதன்முதலில் காகிதத்தை உருவாக்கினார். சீனாவின்
பட்டு ஏற்றுமதிக்கு பொற்காலமாக விளங்கிய அக்காலத்தில்
அதற்கு மாற்றாக சீனர்கள் காகிதத்தைக் கருதினர். கி.பி.
இரண்டாம் நூற்றாண்டில் சீனாவில் ஆன் அரசமரபு காலத்-
தில் கண்டுபிடிக்கப்பட்ட காகிதம் கி.பி எட்டாம் நூற்றாண்டு
வரை வேறு நாட்டவரால் அறியப்படவில்லை.கி.பி எட்டாம்
நூற்றாண்டில் பட்டு சாலை வழியே காகிதமுறை பரவியது.

காகிதத்தைப் பற்றிய அறிவும் இதன் பயன்பாடுகளும் 13
ஆம் நூற்றாண்டில் சீனாவிலிருந்து மத்திய கிழக்கு வழியாக
இடைக்கால ஐரோப்பா வரை பரவியது, ஐரோப்பாவில்தான்
தண்ணீரால் இயங்கும் காகித ஆலைகள் முதலில் கட்டப்-
பட்டன. மேற்கு நாடுகளுக்கு பாக்தாத வழியாக காகிதம்
ஏற்றுமதி செய்யப்பட்டதால் இதை பாக்தாடிகாசு என்ற
பெயரால் அழைத்தனர் . 19 ஆம் நூற்றாண்டில் தொழிற்-
துறை உற்பத்தி பெருகியதன் காரணமாக காகிதத்தின் விலை
வெகுவாகக் குறைந்தது, இவ்விலைக் குறைவு தகவல் பரி-
மாற்றத்திற்கும், குறிப்பிடத்தக்க கலாச்சார மாறுதல்களுக்கும்
உதவியது. 1844 ஆம் ஆண்டில், கனடியன் கண்டுபி-
டிப்பாளர் சார்லசு பெனெர்டியும், செருமானியர் கெல்லரும்
தனித்தனியாக மரத்தாலான இழைகளை காகிதக்கூழாக்கும்
செயல்முறைகளை உருவாக்கினர்.

இழைகளுக்கான பண்டைய மூலங்கள்: காகித உற்பத்தி
தொழிற்சாலைகளில் பேரளவில் காகிதம் தயாரிக்கப்படுவ-
தற்கு முன்புவரை, பயன்படுத்தப்பட்ட பழைய துணிகளை
மறுசுழற்சி செயல்முறையால் மரக்கூழாக மாற்றியே காகிதம்
தயாரிக்கப்பட்டு வந்தது. சணல், பருத்தி, லினன் போன்-
றவற்றால் ஆன துணிகளின் இழைகள் இதற்குப் பயன்-
படுத்தப்பட்டன. 1744 ஆம் ஆண்டு செருமன் நீதிபதி
கிளாப்ரோத் என்பவரால், மறுசுழற்சி செய்யப்பட்ட காகிதத்-
தில் இருக்கும் அச்சிட்ட மைகளை அகற்றும் செயல்முறை

கண்டறியப்பட்டது. தற்பொழுது இச்செயல்முறை மையகற்றல் செயல்முறை எனப்படுகிறது. 1843 ஆம் ஆண்டு மரக்கூழிலிருந்து நேரடியாக காகிதம் தயாரிக்கப்பட்ட காலம் வரை மறுசுழற்சி முறை மரக்கூழ் தயாரிப்பு முறை வழக்கத்தில் இருந்தது.

பெயர்க்காரணம்: பேப்பர் என்ற சொல் இலத்தீன் மொழிச் சொல்லான பாப்பிரசிலிருந்து பெறப்பட்டது, இது கிரேக்க $πάπυρος$ (பப்புரோக்கள்) சொல்லான சைப்பரசு பாப்பிரசு என்ற தாவரத்தின் பெயராகும். சைப்பரசு பாப்பிரசு தாவரத்தின் உட்சோறிலிருந்து பாப்பிரசு தயாரிக்கப்பட்டது. இது தடித்த காகிதம் போன்ற ஒரு பொருள் ஆகும். மத்தியக் கிழக்கிலும் ஐரோப்பாவிலும் காகிதம் அறிமுகமாவதற்கு முன்னரே பண்டைய எகிப்து மற்றும் பிற மத்தியதரைக்கடல் கலாச்சாரங்களில் எழுதுவதற்காக இதைப் பயன்படுத்தியுள்ளனர். பாப்பிரசு என்ற சொல்லில் இருந்து பேப்பர் என்ற சொல் பிறந்திருந்தாலும் இரண்டின் தயாரிப்பு முறைகளும் வெவ்வேறானவையாகும். பாப்பிரசு இயற்கை இழையின் மென்படல உறை போன்றதாகும், ஆனால் காகிதம் இழைகள் மூலம் உருவான மரக்கூழிலிருந்து தயாரிக்கப்படும் பொருளாகும்.

காகிதம் தயாரித்தல்: காகிதம் தயாரிப்பதற்காக நீரில் உள்ள இழைகளால் நீர்த்த தொங்கல் கரைசல் முதலில் தயாரிக்கப்படுகிறது. இத்தொங்கல் கரைசலை திரையினூடாகச் செலுத்தி நீரை வற்றச் செய்கிறார்கள். இழைகளால் பின்னப்பட்டது போல் உருவாகும் காகிதத்தை அழுத்தத்திற்கு உட்படுத்தி எஞ்சியிருக்கும் தண்ணீரும் அகற்றப்படுகிறது. தொழில்நுட்ப ரீதியாக பல முன்னேற்றங்கள் ஏற்பட்டிருந்தாலும் மனிதச் செயல்முறையில் காகிதம் தயாரிக்கப்படுவதில் சில மாற்றங்கள் மட்டுமே நிகழ்ந்துள்ளன, எப்படியிருந்தாலும் கீழ்காணும் ஐந்து படிநிலைகள் பின்பற்றப்படுகின்றன.

மரம் பருத்தி போன்ற மூலப் பொருட்களில் இருந்து செல்லுலோசு தனித்துப் பிரிக்கப்படுகிறது.

செல்லுலோசு இழை கூழாக அடிக்கப்படுகிறது

தேவைக்கேற்றபடி வண்ணம், தன்மைகளை மாற்றுவதற்காக வேதியியல், உயிரியல், மற்றும் இதர இரசாயன பொருட்களைச் சேர்த்தல்.

உருவாகும் தொங்கலை திரையில் செலுத்துதல்.

இறுதியாக அழுத்தி உலர வைத்து தேவையான காகிதத்தைப் பெறுதல்.

பயன்பாடு: சீனாவில் காகிதம் பயன்படுத்தியது போலவே, ஒவ்வொரு நாட்டவரும் ஒவ்வொரு முறையைப் பயன்படுத்தியுள்ளனர். சீனர்கள் முதலில் சாங் மற்றும் சவு அரசமரபு காலத்தில் எலும்பு மற்றும் மூஙகில் பட்டைகளில் தான் எழுதினர்.சுமெரியர்கள் ஈரமான களிமண் கொண்டு பலகைகள் உருவாக்கி அதில் எழுதி வந்துள்ளனர். எகிப்தியர்கள் பப்பிரைஸ் என்ற நாணல் புல்லில் எழுதினார்கள்.தமிழர்கள் பனைஓலையைப் பக்குவம் செய்து அதில் எழுத்தாணி கொண்டு எழுதி வந்துள்ளனர். தமிழ் இலக்கியஙகள் யாவும் இவ்வாறு பனைஓலையில் எழுதப்பட்டவையே. பின்னர் பட்டுத் துணிகளில் வண்ணக்குழம்பினைப் பயன்படுத்தி தமிழர்கள் எழுதி வந்துள்ளனர். என்றும் அழியாத எழுத்துகள் வேண்டும் என்பதற்காக கற்களிலும் எழுத்துகளை கல்வெட்டுகளில் செதுக்கி வைத்தனர். ஐரோப்பியர்கள் ஆட்டின் தோல் அல்லது கன்றின் தோல் இவற்றில் எழுதினார்கள்.

காகிதப் பணமாக, சொத்துகளை அங்கீகரிக்கும் பத்திரங்களாக, தகவல்களை சேமித்து வைக்கும் பொருளாக,, சுய குறிப்புகள் எழுத உதவும் நாட்காட்டியாக, தனிமனிதரிடமும், குழுவிடச்மும் தொடர்பு கொள்ள உதவும் ஒரு கருவியாக, பொருட்களை பாதுகாப்பாகக் கொண்டுசெல்ல அவற்றை பொட்டலங்களாக்க , துப்புரவு செய்யும் தாளாக, கட்டுமானப் பொருளாக, புத்தகங்கங்கள், பயிற்சி ஏடுகள் என பல்வேறு பயன்களை மனித சமூகத்திற்கு காகிதங்கள் வழங்குகின்றன. நெகிழி உறைகளுக்கு மாற்றாக சுற்றுச்சூழலுக்கு தீங்கு விளைவிக்காத வகையில் காகித உறைகளை சில உற்பத்தியாளர்கள் தயாரிக்கத் தொடங்கியுள்ளனர். இக்காகித உறை-

கள் நெகிழி உரைகளுக்குச் சமமான பயனைத் தருவனவாக உள்ளன என்பதோடு இவை சிதைவும் அடையும், சாதாரண காகிதத்துடன் இவற்றை மறுசுழற்சிக்கும் பயன்படுத்தமுடியும் என்பதே இதன் சிறப்பாகும்.

எழுத்துக்கள் எப்படி தோன்றியிருக்கும் என்று எப்போதாவது சிந்தித்து பார்த்ததுண்டா நண்பர்களே., மனிதர்களின் நினைவாற்றலின் வலிமை ஒரு குறிப்பிட்ட எல்லையை கொண்டது, அதாவது மனிதனால் குறிப்பிட்ட நாட்களுக்கு பிறகு அனைத்து விசயங்களையும் நினைவில் வைத்துக்கொள்ள முடியாது.

அந்த நினைவாற்றலின் எல்லையை தாண்டியும் சில தகவல்களை நினைவில் வைத்துக்கொள்ள வேண்டிய தேவை ஏற்பட்ட போது தோன்றியது தான் எழுத்து. அன்றைய அரசாங்கத்தின் நிர்வாகத்துறையில் உள்ள வரவு செலவு கணக்குகளும், வணிகப்பரிமாற்றத்தின் பரிவர்த்தனைகளும் மனித நினைவாற்றலின் எல்லையை தாண்டி வளர்ந்தபோது அந்த கணக்குளை குறித்து வைத்துக்கொள்ள தோன்றியது தான் எழுத்து.

அன்றைய ஆதிமனிதன் முதன் முதலில் எழுத்துக்களை பதித்து வைத்தது கற்களின் மீதுதான், எழுதப்பட்ட கற்களை தேவை ஏற்பட்டபோது ஒரு இடத்திலிருந்து இன்னொரு இடத்திற்கு எடுத்துச் செல்வதில் ஏற்பட்ட சிக்கல்களை தொடர்ந்து, விலங்குகளின் எலும்புகளிலும், மூங்கில் தடிகளின் மீதும் மனிதன் எழுதத் துவங்கினான்.

நாளடைவில் இதிலும் ஏற்பட்ட portability குறைபாடு அவனை களிமண் தகடுகளின் மீது எழுதச் செய்தது. களிமண் தகடுகளை கையாள்வது சுலபமாக இருந்தாலும், அவற்றை வைத்து பராமரிக்க அதிக இடம் தேவைப்பட்டதால், இதுவும் தோல்வியுற்றது.

இன்று நாம் எழுதுவதற்க்காக பயன்படுத்திக் கொண்டிருக்கும் பேப்பர்களின் தோற்றத்தையொத்த பொருளில், உலகில் முதன் முதலில் எழுதியவர்கள் எகிப்தியர்கள் தான். கி.மு. ஏழாம் நூற்றாண்டில் எகிப்தின் நைல் நதியின்

டெல்டா பகுதியில் விளைந்த, இரெண்டு முதல் மூன்று மீட்டர் உயரம் வரை வளரக்கூடிய ஒரு தாவரம் பாப்பிரஸ் ஆகும்.

இந்த பாப்பிரஸ் தாவரத்தின் தண்டுபகுதியை நுண்ணிய துண்டுகளாக வெட்டி, அதனுடன் நீர் மற்றும் சில தாதுக்களை சேர்த்து பதப்படுத்தி பின்பு அதனை சூரிய ஒளியில நன்றாக உலரவைத்து, பின்பு அதனை எழுதுவதற்கென்று பயன்படுத்தி வந்தனர் அன்றைய எகிப்தியர்கள். இதுதான் மனிதன் முதன் முதலில் பேப்பெரில் எழுதிய அனுபவம் ஆகும். மேலும் பேப்பர் (Paper) என்ற சொல்லும் பாப்பிரஸ் (Papyrus) என்ற சொல்லில் இருந்து பிறந்ததே ஆகும்.

எகிப்தியர்கள் பாப்பிரஸ் தாள்களில் எழுதிவந்த அதே கால கட்டத்தில் சீனர்கள் விலங்குகளின் எலும்புகளிலும், மூங்கில் தடிகளிலும் தான் எழுதிவந்திருக்கிறார்கள். பண்டைய சீனாவில் கி.மு.206-ஆம் ஆண்டு முதல் கி.பி.220-ஆம் ஆண்டுவரை சங்கனை தலைநகராக கொண்டு ஆட்சி செய்துவந்த ஹான் வம்சத்தினர் (Han Dynasty) காலத்தில் குய்யங்கில் (Guiyang — தற்போது இந்நகரம் லேய்யங் என்ற பெயரில் அழைக்கப்படுகிறது) நீதிமன்ற ஆவன காப்பாளராக வேலை பார்த்து வந்தவர் கைய் லுன் …

அவரது காலத்தில் நீதிமன்ற குறிப்புகள் அனைத்தும் விலங்குகளின் எலும்புகளிலும், மூங்கில் தடிகளிலும் தான் எழுதப்பட்டு வந்தது. இவற்றை ஒரு இடத்திலிருந்து மற்றொறு இடத்திற்கு எடுத்துச் செல்வதில் ஏற்பட்ட சிரமத்தை தொடர்ந்து கைய் லுன் மாற்று வழி பற்றி ஆராய ஆரம்பித்தார்.

கைய் லுன், கி.பி. 105-ல் மரநார்கள், தாவரத்தின் இலைகள், மீன்பிடி வலைகள், மற்றும் துணி கழிவுகள் ஆகியவற்றை கொண்டு பேப்பேர் தயாரிக்கும் முறையை கண்டறிந்தார். கைய் லுனின் இந்த கண்டுபிடிப்பை பாராட்டி அப்போதைய அரசாங்கம் அவருக்கு பதவியுயர்வும், பொற்-

கிழியும் வழங்கி கௌரவித்தது. இம்முறையில் கண்டறியப்-
பட்ட காகிதம் சற்று தடிமனாக இருந்தது அதாவது சற்றே-
றக்குறைய 5mm வரை தடிமனாக இருந்தது.

சிறிது காலத்திற்கு பிறகு கைய் லுன் தற்செயலாக ஒரு
காட்சியை காண நேரிட்டது அது என்னவென்றால் ஒரு
வகை குளவி (Wasp) மரத்தை துளையிட்டு அதம் மூலம்
கிடைத்த சிறு மரத்துகள்களை கொண்டு தனது கூட்டை
வலிமையாக கட்டிக்கொள்வதை கண்டார், அப்போதுதான்
மரத்தை கூழ்மமாக அரைத்தால் பேப்பரை நாம் விரும்பும்
வடிவில் மற்றும் அளவில் தயாரித்துக்கொள்ளலாம் என்பதை
அறிந்துகொண்டார்.

அதனை தொடர்ந்து மரத்தை அரைக்கும் ஆலை நிறு-
வப்பட்டு பேப்பர் தயாரிக்கப்பட்டது. கி.பி. 105-ல் பேப்பர்
தயாரிக்கும் முறை கண்டறியப்பட்டுவிட்டாலும் உலகிற்கு
பகிரங்கமாக பேப்பர் தயாரிக்கும் தொழில்நுட்பமுறை அறி-
விக்கபடவில்லை. சீனர்கள் ஏறக்குறைய அத்தொழில்நுட்-
பத்தை 500 ஆண்டுகளுக்கும் மேலாக ரகசியமாகவே
வைத்து பாதுகாத்துள்ளனர்.

கி.பி.751-ல் சீனர்களுக்கும் அரேபியர்களுக்கும் இடையே
தற்போதைய உஸ்பெகிஸ்தானில் டாலஸ் (Battle of
Talas) என்ற போர் ஏற்பட்டது. கிர்கிஸ்தானுக்காக நிகழ்ந்த
இந்த டாலஸ் போரில் (Battle of Talas) சீனப்படைகள்
அரேபிய படைகளிடம் தோல்வியை தழுவியது, அப்போது
அரேபியர்களால் போர்க்கைதிகளாக பிடிக்கப்பட்ட இரு
சீனவீரர்களிடம் இருந்து பேப்பர் தாயாரிக்கும் தொழில்நுட்-
பத்தை அரேபியர்கள் அறிந்துகொண்டனர்.

அத்தொழில்நுட்பத்தை கொண்டு உஸ்பெகிஸ்தானிலுள்ள
சமர்கண்ட் (Samarkand) என்ற நகரில் அதிகாரப்பூர்வ-
மான முதல் பேப்பர் தயாரிக்கும் ஆலையை அரேபியர்கள்
நிறுவினார்கள், அதனை தொடர்ந்து ஈராக் தலைநகர் பாக்-
தாத்திலும் ஒரு ஆலை நிறுவப்பட்டது. பாக்தாத்திலிருந்து-
தான் ஐரோப்பிய நாடுகளான ஸ்பெயின், இத்தாலி, ஜெர்-
மனி மற்றும் பிரான்ஸ் ஆகிய நாடுகளுக்கு பேப்பர் தயா-

ரிக்கும் தொழில்நுட்பம் பரவியது.

பதினெட்டாம் நூற்றாண்டு வரையில் பேப்பர் கடும் நிறம் (கால்நடைகளின் சான நிறம்) கொண்டதாகத்தான் இருந்தது, 1844-ஆம் ஆண்டு சார்லஸ் மற்றும் கெல்லர் ஆகியோர் இணைந்து வெள்ளை நிற பேப்பரை உருவாக்கும் தொழில் நுட்பத்தினை கண்டறிந்தார்கள்.

அன்றுமுதல் வெள்ளை நிற காகிதம் தயாரிக்கப்பட்டு வருகிறது. நாம் வீணடிக்கும் ஒவ்வொரு பேப்பரிலும் ஒரு மரத்தின் உயிர் வீணடிக்க படுகிறது என்பதை மனதில் கொண்டு பேப்பர்களை மிக சிக்கனமான உபயோகித்து சுற்றுசூழலுக்கு நம்மால ஆன நன்மையை செய்திடுவோம்.

காகிதம் (Paper) என்பது எழுதுவதற்கும், அச்சிடுவதற்கும் பயன்படும் ஒரு மெல்லிய பொருள்ஆகும்.

மரம்கந்தல்அல்லது புல் ஆகியனவற்றிலிருந்து கிடைக்கும் செல்லுலோசுக் கூழின் ஈரமான இழைகளை அழுத்தி பின்னர் நெகிழும் தன்மை கொண்ட தாள்களுக்கிடையில் உலர்த்தி இக்காகிதத்தைத் தயாரிக்கிறார்கள். எழுதுதல், அச்சிடுதல், பொட்டலம் கட்டல், தொழில்துறை மற்றும் கட்டுமான செயல்முறைகள் உட்பட பல பயன்களைக் கொண்ட ஒரு பல்துறை பொருளாக காகிதம் பயன்படுகிறது.

தமிழ்நாடு செய்திதிதாள் காகித ஆலை நிறுவனம்

(TNPL) தமிழகஅரசால் செய்திதாள் மற்றும் எழுத்து வகை காகிதங்கள் கரும்புச் சக்கையிலிருந்து தயாரிக்கப்படுகிறது. இந்நிறுவனமானது சுற்றுச்சூழலை பாதிக்காத வண்ணம் உருவாக்கப்பட்டது. இது கரூர் மாவட்டம், புகழூர் காகிதபுரம் என்ற இடத்தில் அமைந்துள்ளது.11.0488°N 77.9977°E இதன் தலைமை அலுவலகம் சென்னை கிண்டியில் உள்ளது.

1. வெற்றுக்காகிதம்

- ஆர். யோகநாதன்

பள்ளிப் பேருந்து மெல்ல வீட்டை நெருங்கிக்கொண்டிருக்கும் வேளையில், அனிதாவின் மனத்தில் விவரிக்க முடியாத எண்ண ஓட்டங்கள் அலைமோதிக்கொண்டிருந்தன. இறுதியாண்டுத் தேர்வின் முடிவுகள் அவள் கையில். 'ரிப்போர்ட் கார்ட்' அவள் பையில்! நினைத்துப் பார்க்கும்போது மனமும் கனத்தது; பையும் கனத்தது.

பேருந்தை விட்டு இறங்கியதும் முதல் வேலையாகப் புத்தகப்பையைப் பணிப்பெண்ணிடம் கொடுத்துவிட்டு ஆழ்ந்து யோசித்தபடியே மெல்ல நடந்தாள் அனிதா. மோசமான தேர்வு முடிவுகளிலிருந்து தப்பிக்க மூர்க்கமான காரணங்களைக் கண்டறிய மூளை படு வேகமாக வேலை செய்தது அவளுக்கு. இல்லாவிடில், வீட்டில் ஏச்சும் பேச்சும்! சில நேரங்களில் பூசையும் கிடைக்கும். அடித்து வளர்ப்பதில் அசைக்க முடியாத நம்பிக்கை வைத்திருக்கும் தன் பெற்றோரிடத்தில் அனிதாவுக்கு மரியாதை கலந்த பயம் இருந்தாலும், பதினொரு வயதுச் சிறுமியை இப்படி அவமானப்படுத்துவது அவளுக்குச் சரியாகப் படவில்லை. அதிலும் பிரம்படி என்றால், தன் வயதையொத்த சிறுமிகளுக்கு ஏற்படும் அநீதி என்ற நினைவோடு வளரும் சிறுமி அவள். இல்லை இல்லை; இளம் பெண்! அதனால், 'அதைத் தடுப்பதற்கு எந்த வழியையும் மேற்கொள்ளலாம். அதில் தவறு ஏதும் இல்லை', என்று திடமாக நம்புகிறவள் அவள். கடந்த காலத்தில் பல காரணங்கள் தோல்வியில் முடிந்தாலும் அவை ஒவ்வொன்றும் வேறொரு புதிய புத்தாக்கக் காரணங்களைக் கண்டு பிடிப்பதற்கு வித்தாக அமைந்தது. அவ்வாறாக, இந்த முறையும் ஒரு காரணம் மூளையில் உதித்தது!

"அம்மா, என் கூட்டாளிங்க பலர் ஒழுங்காவே செய்யலே. ஏதோ நானாவது ஓரளவுக்குச் செஞ்சிருக்கேன்..."

அல்லது, “இந்தத் தடவை தேர்வுத்தாளை ரொம்பக் கஷ்டமா அமைச்சிருக்காங்க.. எல்லாரும் திணறிக்கிட்டு எழுதுனாங்க.. நம்பலேன்னா என் தோழி ரேவதிகிட்டே கேட்டுப் பாருங்களேன்..“

இந்த இரண்டில் எது பொருத்தமாக இருக்கும்?

மனத்தில் குழப்பமும் பயமும் ஏற்பட, இப்படி எல்லாம் பல காரணங்கள் ஒன்றோடொன்று மோதிக்கொண்டிருந்தன. தேர்வில் ஒழுங்காகச் செய்திருந்தால் இந்த நிலைமை ஏற்பட்டிருக்குமா? இப்படியொரு ஞானம் சிறிது நேரம் தலைதூக்கும். பிறகு எங்கோ ஓடி மறைந்துகொள்ளும். ஒவ்வொரு முறையும் தேர்வில் தோல்வி அடையும்போது இப்படிக் காரணங்களைச் சொல்லித் தப்பிக்க நினைப்பது தவறு என்று தெரிந்தும் ஏச்சுக்கும் பேச்சுக்கும் பூசைக்கும் பயந்துதான் அவள் அவ்வாறு செய்கிறாள். அதனால், அது எப்படித் தவறாகும்? இது மறுகணம் எழும் வாதம்!

அனிதாவின் தேர்வு முடிவுகள் அவள் தோழிக்கு வியப்பை அளித்தன.

“ஆச்சரியமா இருக்குது! எப்படி இவ்வளவு மோசமா செஞ்சிருக்கே? எனக்குக் கணிதத்துல 90, அறிவியல்ல 75, அப்புறம் தமிழ்ல சொல்ல வேண்டியதில்லை, 90! ஆங்கிலந்தான் கொஞ்சம் இறங்கிடுச்சு, 66.”

இப்படித் தன் தோழி பெருமையடித்துக்கொண்டதைக் கேட்டு அனிதாவுக்கு ஒரு விதத் தாழ்வு மனப்பான்மை மெல்லத் தலை தூக்கியது. தேர்வில் தமிழைத் தவிர மற்ற எல்லாப் பாடங்களிலும் தோல்வியடைந்துவிட்ட தன் நிலைமையை நினைத்து வருந்தினாள். திடீரென்று தான் தனிமைப்படுத்தப்பட்டுவிட்டதாக ஓர் உணர்வு அவளுக்கு ஏற்பட்டது! தான் ஒரு முட்டாள்! தனக்குப் படிப்பே வராது என்ற எண்ணம் வரிந்து கட்டிக்கொண்டு வாசலில் நின்றது! நாற்பது மாணவர்களைக் கொண்ட வகுப்பில் ஆசிரியரின் தனிக் கவனம் அனிதா போன்ற மெதுவாகப்படிக்கும் மாணவிகளுக்குக் கிடைப்பது சிரமம்தான். வீட்டில் தாயாரின் நச்-

சரிப்பு. தந்தையின் அளவுக்கு மீறிய கண்டிப்பு.

“எனக்குத் தெரிஞ்ச தோழிங்களோட பிள்ளைங்க எல்லாம் எப்படிச் சொந்தமா படிச்சு முன்னுக்கு வர்றாங்க தெரியுமா?” என்று தாயாரின் பிரபல வசனம் அனிதாவுக்கு மனப்பாடமாகிவிட்டது. தனியார் நிறுவனத்தில் வேலை பார்க்கும் அனிதாவின் தாயாருக்குத் தன் ஒரே மகளைப் பற்றிய கவலை நாளுக்கு நாள் வளர்ந்துகொண்டே இருந்தது.

“இப்படியே போய்க்கிட்டிருந்தா எப்படி? தொடக்கநிலை பள்ளிப் பாடங்களே உனக்கு இவ்வளவு கஷ்டமா இருந்தால், உயர்நிலைப் பள்ளிப்பாடங்கள் எல்லாம் எப்படி.. உனக்கு அடிப்படையே சரியா அமையல.. இன்னும் அடுத்த வருஷத்துல ‘பி. எஸ். எல். ஈ’ (PSLE) தேர்வு வேறே.. ‘டியூஷன்’ வச்சும் பயனில்லே.. எல்லாம் வீண்செலவுதான்.. உன் கூட்டாளிங்களப் பாரு.. எப்படிப் படிக்கிறாங்க.. உனக்கு ஏன் படிப்பே வரமாட்டேங்குது.. என்னதான் செய்றதுனு தெரியலே..” தாயாரின் மனக்குமுறல் இது.

“கேட்டதெல்லாம் வாங்கிக் கொடுக்கிறோம்ல.. அதனாலே, அவளுக்குக் கஷ்டம்னா என்னனு தெரியலே.. கவனம் எல்லாம் வேறெங்கோ போவுது••• நான் முழுக்கக் கைத்தொலைபேசியிலேயே பேசிக்கிட்டிருக்கிறாள்.. இதுக்குத்தான் நான் அப்பவே சொன்னேன்.. இந்த வயசுல கைத்தொலைபேசி எல்லாம் வேண்டாம்னு.. நீதான் வாங்கிக்கொடுத்தே.. இப்பப் பாரு” காரணத்தைத் தேடிக் கண்டு பிடித்தார் தந்தை.

“இப்ப இருக்கிற சூழ்நிலையிலே கைத்தொலைபேசி ரொம்ப ரொம்ப முக்கியம்.. அவள் பள்ளி முடிஞ்சி எங்கே போகிறாள்.. வீட்டுக்கு எத்தனை மணிக்கு வந்து சேர்ரானு தெரிஞ்சுக்க வேண்டாமா?..”

தாயார், தொலைபேசியின் தேவைக்கு விளக்கம் கொடுத்தார்.

“சரி.. அப்படின்னா, பள்ளிக்கூடத்துக்கு மட்டும் எடுத்து-கிட்டுப் போகட்டும்.. வீட்டுக்கு வந்த உடனேயே கைத்தொ-லைபேசியைப் பூட்டி வைக்கப்போறேன்!”

தந்தையின் கோபத்தை அனிதாவால் புரிந்துகொள்ள முடிந்தது. முடிந்துபோன அரையாண்டுத் தேர்வின் முடிவுக-ளைப் பார்த்துத்தான் இந்த ஆர்ப்பாட்டம். இப்பொழுது இறு-தியாண்டுத் தேர்விலும் எந்த முன்னேற்றமும் இல்லை என்று தெரிந்தால், வீட்டில் கோர தாண்டவம் இன்னும் ஆக்கிரோ-ஷமாகத் தொடங்கிவிடும். இதைத் தடுக்க, இல்லை இல்லை சாந்தப்படுத்தத்தான் அனிதாவின் சிந்தனை நாளங்கள் கார-ணங்களைத் தேடிப் புடைத்துக்கொண்டிருந்தன.

திடீரென்று ஒரு யோசனை பிறந்தது! கல்லையும் கரைய வைக்கும். ஏன் எல்லாரையும் கதி கலங்க வைக்கும் ஓர் அபாரமான யோசனை நினைவுக்கூடத்தில் ஒட்டிக்கொண்-டது. ‘லபக்’ கென்று அதைப் பற்றிக்கொண்டாள் அனிதா. ஆனால், அதற்கு அசாத்தியமான துணிச்சல் வேண்டுமே? வீட்டை அடைந்ததும், விரைவாகக் காலணிகளைக் கழற்றி விட்டு, குளியலறைக்குச் சென்று முகத்தை அலம்பிவிட்டு ஆடைகளை அணிந்து சாப்பாட்டு மேசையில் மதிய உணவுக்காக வந்து உட்கார்ந்தாள் அனிதா.

“பரவாயில்லையே, என்றும் இல்லாத திருநாளா இன்-றைக்குக் கரக்டா வந்து உட்கார்ந்துட்டியே.. எப்பப் பார்த்-தாலும் நான் கத்திக்கிட்டே கிடப்பேன்” பணிப்பெண்ணின் ஆச்சரியக் குரல்.

“அது சரி.. இன்றைக்கு அப்பா எத்தனை மணிக்கு வரு-வாரு?” என்று கேட்டாள் அனிதா.

“ஏன் எதுக்கு?” தன்னைப் பற்றி புகார் செய்யவோ என்று ஒரு கணம் பயந்தாள் பணிப்பெண்.

“ஒண்ணுமில்லே; சும்மாதான் கேட்கிறேன்.. சொல்-லுங்க..”

“எப்பவும் போலத்தான் வருவாரு...”

“ஆறு மணிக்கா?”

“ஆமாம்” “அம்மா?”

“அம்மா எப்பவும்போல அஞ்சு மணிக்கெல்லாம் வந்திடு-வாங்க. இடையிலே போன் பண்றதா சொன்னாங்க.. ஆமா, ஏன் இதையெல்லாம் இப்போ நீ கேட்டுகிட்டு இருக்கிற?” சாப்பாட்டை மேசை மேல் வைத்தபடியே கேட்டாள் பணிப்-பெண்.

“ஒண்ணுமில்லே.. நீங்க சாப்பாட்டைப் போடுங்க.. இன்-றைக்கு எனக்கு ரொம்பப் பசிக்குது.. நிறைய சாப்பிடணும் போல இருக்குது.. ரசம் இருக்கா.. ஆ.. கொண்டாங்க..” என்று பணிப்பெண் மூக்கின் மேல் விரல் வைக்கும் அளவுக்கு அணிதாவின் செயல் அமைந்திருந்தது. முழுச் சாப்பாட்டையும் நன்றாகச் சாப்பிட்டாள்.

“ம்.. அப்படியென்றால் நாடகத்தைச் சுமார் நாலே முக்-காலுக்குத் தொடங்க வேண்டும்.. அம்மா வர்றதுக்குச் சரி-யாக இருக்கும்.” அனிதா தன் திட்டத்தை நினைவுபடுத்-திக்கொண்டாள்.

சுவரில் மாட்டப்பட்டிருந்த கடிகாரம் மூன்றரையை நெருங்கிக்கொண்டிருந்தது.

“இந்த முறை, நான் ஆடவிருக்கும் நாடகத்தால் இனி அப்பாவும் அம்மாவும் மறந்தும் என்னை அடிக்க மாட்டார்-கள்; என்னைத் திட்டவும் மாட்டார்கள்”, என்று திடமாக நம்பினாள்.

நேரம் நெருங்க நெருங்க மனம் பலமாகப் படபடக்கத் தொடங்கியது. பணிப் பெண்ணின் நடவடிக்கைகளைக் கூர்ந்து கவனித்துக்கொண்டிருந்தாள் அனிதா. நாடகத்தைத் தொடங்கி வைக்கப்போவதே அவள்தானே. சாதகமான இடத்தில் அவள் இருந்தால்தானே நாடகத்தைச் சற்று ஒத்-திகை பார்த்துக் கொள்ளலாம். சமையலறையில் ஏதோ வேலையாக இருந்தாள் பணிப்பெண். உடனே அனிதா மெல்லத் தன் அறையிலிருந்த நாற்காலியைத் தூக்கி வந்து ‘பால்கனி’யின் சன்னல் ஓரமாக வைத்து விட்டு விரைந்து சென்றுவிட்டாள். பின் சிறிது நேரம் கழித்துப் ‘பால்கனிச்’

சன்னலைத் திறந்தபடி வைத்துவிட்டு மீண்டும் தன் அறைக்குச் சென்றாள். பணிப்பெண் மீது எப்போதும் ஒரு கண் இருந்தது அவளுக்கு. மணி நாலு நாற்பத்தைந்தை நெருங்கிக் கொண்டிருந்தது. பணிப்பெண் என்ன செய்கிறாள் என்று எட்டிப் பார்த்தாள் அனிதா. அவள் சமயலறையில் இருப்பதை உறுதி செய்த பிறகு, நாடகத்தை மெல்லத் தொடங்கினாள்.

பால்கணியில் போடப்பட்டிருந்த நாற்காலிமேல் ஏறிக் கீழே பார்த்தாள். என்றைக்கும் இல்லாமல் இன்று, ஒன்பது மாடி உயரம் அவள் தலையைச் சுற்ற வைத்தது. குதிப்போமா வேண்டாமா என்று மனம் அடித்துக்கொண்டது.

“எது நடந்தாலும் பரவாயில்லை; குதித்து விடு” என்றது ஒரு மனம்.

‘அம்மா அல்லது பணிப்பெண் வந்து பார்க்கும்வரை பாவனை மட்டும் செய்’ என்றது இன்னொரு மனம். அப்படிச் செய்தால்தான் அம்மா இரக்கப்பட்டுத் தேர்வு முடிவுகளைப் பொறுத்துக்கொள்வார் என்று அசைக்க முடியாத நம்பிக்கையில் அந்த நாடகத்தை அரங்கேற்ற முனைந்தாள் அனிதா. மணி ஐந்தைத் தொட்டுவிட்டது. அம்மா இன்னும் வரவில்லை. பணிப்பெண்ணும் சமயலறையைவிட்டு இன்னும் வெளி வரவில்லை. தன்னை இந்த நிலையில் பார்த்து அம்மாவிடம் அவள் சொன்னாலே போதுமே. அம்மா பதறியடித்துக்கொண்டு என்னைக் கட்டிப்பிடித்துக்கொண்டு ஆறுதல் சொல்வாளே.

இப்படியாக எண்ணங்கள் ஓடிக்கொண்டிருக்க, ஒரு கணம், ஒரே ஒரு கணம், அவள் நிலை தடுமாறியது. தலை சுற்றியது. கைப்பிடி ‘அலுமீனிய’ கிராதியைவிட்டுத் தளர்ந்தது. அவள் மாடியிலிருந்து அலறியவாறே ‘தட் ‘ என்று தரையில் விழுந்தாள்!

“அனிதா, அனிதா.. என்ன ஆச்சு உனக்கு?..” அம்மாவின் குரல். முணுமுணுத்தவாறே எழுந்தாள் அனிதா.

“என்ன சத்தம் அது?” தூக்கத்திருந்து எழுந்த அப்பா-வின் மறுகுரல்.

“கட்டிலிலிருந்து திடீர்னு கீழே விழுந்துட்டாள்.. அனிதா... அனிதா... எழுந்திரு தலையிலே அடிபட்டி-ருக்கா?..” தலையைத் தடவியபடியே கேட்டாள் அம்மா.

“வீங்கியிருக்கான்னு பாரு..” என்றார் அப்பா அருகில் வந்து. அனிதாவுக்கு ஒன்றும் புரியவில்லை. பிறகுதான் எல்-லாமே கனவென்று தெரிந்தது.

“ஏதாவது கனவு கண்டியா?”

“ஆமாம்”

கனவைச் சொல்லவா வேண்டாமா என்று சற்றுக் குழப்-பம். சொன்னாலும் நல்லதுதானே என்று மனம் முணுமு-ணுத்தது.

“அம்மா திரும்பவும் நான் தேர்வுல ‘பெயில்’ ஆயிட்-டேன். ரொம்ப மோசமா செஞ்சிருக்கேன்..”

“என்ன திரும்பவும் பெயிலாயிட்டியா?”

“ஆமாம்மா... நாளைக்கு ‘ரிப்போர்ட் காரட்டை’க் கொடுப்பாங்க... நீங்களும் அப்பாவும் எப்போதும் என்னைத் திட்டிக்கிட்டே இருக்கீங்க.. எனக்குப் படிப்பு வராதுன்னு சொல்லிக்கிட்டேயிருக்கீங்க.. என்னைவிட மற்றப் பிள்-ளைங்க எல்லாரும் நல்லா செய்யுறாங்கன்னு சொல்லியி-ருக்கீங்க.. நான் எதுக்கும் உருப்படியானவள் இல்லேன்னு பல முறை சொல்லிருக்கீங்களே.. அப்பாவும் நான் ஒரு முட்டாள்னு சொல்லி என்னை அடிச்சியிருக்காரு.. நானும் இனிமே எனக்குப் படிப்பு வராதுன்னு நினைச்சுக்கிட்டேன்.. எனக்குக் கைத்தொலைபேசி எல்லாம் வேணாம்.. என் தோழிங்க ‘கிப்டு’ வகுப்புக்கு எல்லாம் போறாங்க. என்னால போக முடியலே.. அடுத்த ஜென்மத்துலாவது நான் கெட்டிக்-காரப் பிள்ளையாப் பொறக்கிறேம்மா.. அதனாலதான், செத்-துப் போகலாம்னு நெனச்சு மேலேயிருந்து கீழே குதிச்சுட்டதா கனவு கண்டேன்..” என்று கண் கலங்கிக்கொண்டே கூறிய தன் மகளை ஆரத் தழுவிக்கொண்டாள் சாந்தி. இத்தனை

நாளாக அடைத்து வைத்திருந்த தன் மகளின் வேதனைகளை இப்போது அவள் நன்கு புரிந்துகொண்டாள். பக்கத்திலிருந்த கணவரைப் பாரத்தாள். மூர்த்திக்கும் அதிர்ச்சியாக இருந்தது. இது கனவுதானே என்று அவர்களால் புறக்கணிக்க முடியவில்லை.

அறையில் சிறிது நேரம் மௌனம் நிலவியது. அனிதாவைத் தட்டிக்கொடுத்துத் தூங்க வைத்தாள் சாந்தி.

“நாளைக்கு நான் அனிதாவுடைய பள்ளிக்கூடத்துக்குப் போய் அவள் ‘ரிப்போர்ட் கார்டை’ எடுக்கப் போறேன்.. அவளுக்கு இப்போ தகுந்த ஆலோசனை தேவை.. தேர்வு முடிவு எப்படி இருந்தாலும் நாம அனிதாவைத் திட்டக்கூடாது.. வேற மாதிரி இதை அணுகணும்..”

சாந்தியின் முடிவை ஆமோதித்தார் மூர்த்தி.

“நானும் விடுப்பெடுத்துகிட்டு உன் கூட வர்றேன்.. நாமே தப்புப் பண்ணிட்டோம்னு நினைக்கிறேன்..”

“சரி .. சரி.. அனிதா இப்பத்தான் லேசா கண் மூடித் தூங்கறாள்.. அவள் தூங்கட்டும்.. நீங்க போய்ப் படுத்துக்கிங்க..” என்று தட்டிக்கொடுத்துக்கொண்டே மகளின் அமைதியான முகத்தைப் பார்த்தாள் சாந்தி.

வெற்றுக் காகிதமாக மாறிவிடவிருந்த அந்தப் பிஞ்சு முகத்தில் மென்புன்னகை மெல்ல இழைந்தோடியது.

2. உயிர் வெளிக் காகிதம்

- ஸ்ரீஜா வெங்கடேஷ்

நான் கோடியில் ஒரு ஜீவன். என்னை நான் ஒருத்தி என்றோ ஒருவன் என்றோ சொல்லிக் கொள்ள விரும்பவில்லை என்பதில்லை சொல்லிக் கொள்ள முடியாது. இல்லை! நீங்கள் நினைப்பது போல இல்லை!. நான் திருநங்கை அல்ல. அவர்களைத்தான் ஒருத்தி என்று குறிப்பிட முடியுமே. எப்படி ஆண்களில் திரு நங்கைகள் உண்டோ அதே போல் பெண்களிலும் உண்டு என்பது உங்களுக்குத்

தெரியுமா? அந்த வகையைச் சேர்ந்தது தான் என் பிறப்பு. பெண்களுக்குரிய எந்த வளர்ச்சியும் இருக்காது. அதே சமயம் ஆண்களுக்குரிய வளர்ச்சியும் முழுமையாக இருக்காது. அதனால் தான் நான் என்னை எந்த வகையில் சேர்ப்பது என்று தெரியாமல் முழித்துக் கொண்டிருக்கிறேன். என்னைப் போல் இருப்பவர்கள் கோடியில் ஒருவர் தானாம். டாக்டர் சொன்னார். அதனால் தான் நான் என்னைக் கோடியில் ஒரு ஜீவன் என்றேன்.

என் அம்மா தான் பாவம். என்னை வைத்துக் கொண்டுப் போராடிக் கொண்டிருக்கிறாள். என் பிறப்பு இப்படித்தான் என்று நான் பிறந்த உடனேயே ஆஸ்பத்திரியில் சொல்லி விட்டார்களாம். அன்று பயந்து கொண்டு போன அப்பா தான் அவரை இன்று வரை நான் பார்த்ததில்லை. எனக்கும் வயது இருபத்தெட்டாகிறது. என்னைச் சிறு வயதிலிருந்தே வழக்கமாக பரிசோதிக்கும் டாக்டர் எவ்வளவோ சொல்லியும் கேட்காமல் அம்மா என்னை பள்ளியில் சேர்த்தாள். எழுத்துக்களைப் பார்த்தால் ஏதோ படங்களைப் பார்ப்பது போல இருந்ததே தவிர என்னால் அவற்றை வேறு படுத்தி அறிய முடியவில்லை. மிகவும் கஷ்டப் பட்டு முயற்சி செய்த போது , தலை வலித்து , கை கால்கள் வெட்டி இழுக்க ஆரம்பித்து விட்டது. என்னைப் போன்ற பிறவிகளால் படிக்கவோ எழுதவோ முடியாதாம். எங்கள் மூளை அதற்கேற்றபடி வடிவமைக்கப் படவில்லையாம். இதுவும் டாக்டர் சொன்னது தான்.

என் போன்ற பிறவிகளை படிப்பு மட்டுமே காப்பாற்றும் என்ற உறுதியோடிருந்த அம்மா தன் தோல்வியை ஒப்புக் கொண்டாள். என்னுடைய ஐந்தாம் வயதில் என்னால் அவளுக்கு ஏற்பட்ட தோல்வி தொடர்ந்து கொண்டு தான் இருக்கிறது. ஆனாலும் அவள் மனம் தளரவேயில்லை. என் அப்பா எங்களை விட்டு ஓடிப் போனார் என்று சொன்னேன் அல்லவா , அப்படி அவர் விட்டு விட்டு ஓடிப் போன போது அம்மாவுக்கு இரண்டு குழந்தைககள். எனக்கு அண்ணன் ஒருவனும் இருந்தான். அவன் மேல் அம்மா மிகவும்

நம்பிக்கை வைத்திருந்தாள். அவன் நன்கு படித்து பெரிய உத்தியோகம் பார்த்து என்னைக் காப்பாற்றுவான் என்று.

அம்மாவின் அதிர்ஷடம் தான் நான் பிறந்தபோதே தெரிந்து விட்டதே. அண்ணன் மிகவும் சுமாராகப் படித்தான். அம்மாவும் பெரிய வீடுகளுக்கு சமைத்துக் கொடுத்தும் , சாயங்கால வேளைகளில் இட்லி விற்றும் , ஹோட்டல்களுக்கு சில பண்டங்கள் சப்ளை செய்தும் எங்களைக் காப்பாற்றினாள். அவள் பட்ட பாடுகள் கொஞ்ச நஞ்சமல்ல. வீட்டு வாடகை கொடுக்க முடியாத சமயங்களில் , வீட்டின் சொந்தக்காரர் அம்மாவைப் பார்க்கும் பார்வை! அம்மா கூசிப் போவாள். அவர் போன பிறகு , என்னைக் கட்டிக் கொண்டு “நீ ஒழுங்கான பிறவியா இருந்திருக்கக் கூடாதா? நீயாவது நல்லாப் ப்டிச்சு என்னைக் காப்பாத்துவியே? இன்னும் எத்தனை நாளைக்குத்தான் இந்தப் பாடு?” என்று அழுவாள். அதன் அர்த்தம் அப்போதெல்லாம் எனக்குப் புரியாது.

அண்ணன் இது ஒன்றிலும் பட்டுக் கொள்ள மாட்டான். அவ்வப்போது அம்மாவிடம் அடித்துப் பிடுங்கி செலவுக்குக் காசு வாங்கிக் கொண்டு போவான். எல்லா கிளாசிலும் பெயிலாகி பெயிலாகிப் படிக்கிறான் என்று அம்மா மிகவும் வருத்தப் பட்டுக் கொள்வாள். ஒரு நிலையில் பள்ளிப் படிப்புக்கு மொத்தமாக முழுக்குப் போட்டு விட்டான். அம்மா கேட்டதற்கு என்னால் படிக்க முடியாது என்று அடித்துக் கூறி விட்டான். வேலை தேடுகிறேன் பேர்வழி என்று வெளியில் சுற்றிக் கொண்டிருந்தான். அம்மா தான் அவனுக்காகவும் சேர்த்து சம்பாதித்தாள்.

அம்மாவுக்கு ஓய்வு என்பதே கிடையாது. காலையில் சமையல் வேலைக்குப் போவாள். முன்னெல்லாம் என்னையும் அழைத்துக் கொண்டு போவாள். ஒரு சிலர் என் வரவை விரும்பாமல் , அதைச் சொல்லவும் முடியாமல் அம்மாவை சமைக்க வேண்டாம் என்று சொல்ல ஆரம்பித்ததிலிருந்து அம்மா என்னை விட்டு விட்டுத்தான் போகி-

றாள். மதியம் வந்து சாப்பிட்டு விட்டு , மறு நாள் இட்லிக்கு மாவு அரைப்பாள். சாம்பார்ப் பொடி , ரசப் பொடி ஊறு– காய் என்று தயார் செய்து தெரிந்த வீடுகளுக்கு விற்பாள். சாயங்காலம் ஆனதும் இட்லிக் கடை.

காலையில் அம்மா வேலைக்குப் போகும் அந்த நேரம் மட்டுமே எனக்கான நேரம். நான் முழுத்தனிமையில் என்னை மறந்து ரசிக்கும் நேரம். அழகழகான பெண்களும் , ஆண்களும் விரைந்து செல்வதை வேடிக்கைப் பார்ப்பது எனக்கு மிகவும் பிடிக்கும். அவர்களுடைய முக பாவங்களி– லிருந்து அவர்கள் எப்படிப் பட்டவர்கள் ? என்று யோசிப்– பேன். சில குழந்தைகளும் போகும். அதில் ஒரு குழந்தை மூன்று அல்லது நாலு வயது தான் இருக்கும் , தலை நிறைய முடியுடன் , குண்டு கன்னங்களோடு .யூனிபார்ம் அணிந்து அப்பாவுடன் போகும். என்னைக் கடக்கும் போதெல்லாம் என்னைப் பார்த்து அழகாகச் சிரிக்கும். நானும் சிரிப்பேன். அந்தச் சிரிப்பில் நான் கரைந்து போவேன். இது வரை என்னைப் பார்த்து யாரும் சிரித்தது கிடையாது குழந்தைகளைத் தவிர என்ற தகவல் உங்களுக்– காக.

எனக்குள் ஆயிரம் கேள்விகள். இந்த மனிதர்கள் எங்கே? எதற்காக அரக்கப் பரக்க ஓடுகிறார்கள்? அவர்க– ளுக்குள் ஏன் இத்தனை வெறுப்பு? ஆங்காரம்? நல்ல பிறவி கிடைத்தும் ஏன் இத்தனை ஏமாற்றம்? சிலர் அழகாப் பூத்– திருக்கும் பூவை வன்முறையோடு பிடுங்குவது போல ஸ்கூ– லுக்குக் கூட்டிப் போகும் போது குழந்தைகளைக அடிக்கி– றார்களே ஏன்? குழந்தையின் புன்னகையை விட உயர்ந்ததா பள்ளிக்கூடம்? ஏன் ஒருவருக்கொருவர் சண்டை போட்டுக் கொள்கிறார்கள்? என்றெல்லாம் கேட்க எனக்கு ஆசைதான். ஆனால் நான் பேசுவதைக் கேட்கும் பொறுமை தான் அம்– மாவுக்கு இல்லை. ஆம்! எனக்குப் பேச்சு திக்கித்திக்கி குழ– றித்தான் வரும். அதுவும் வார்த்தைகளுக்காக நான் நிறைய யோசிக்க வேண்டும். நீங்களே சொல்லுங்கள் , அம்மாவைப் போல ஒரு பரபரப்பான மனுஷிக்கு , என் மெதுவான திக்–

கித் திக்கி வரும் பேச்சைக் கேட்க பொறுமை இருக்குமா?

அப்படியும் அம்மா சில நாள் கேட்பாள். நான் பெரும்பாலும் குழந்தைகள் பற்றித்தான் கேட்பேன். எனக்குக் குழந்தைகள் என்றால் மிகவும் பிடிக்கும் என்று எப்படியோ புரிந்து கொண்டு விட்டாள். " நீயும் சாதாரணமாப் பொறந்திருந்தீன்னா , இந்நேரம் உனக்கும் கல்யாணம் ஆகி குழந்தை பிறந்திருக்குமே, இப்படிப் பொறந்துட்டியேடி! " என்று அழுதாள். இது தான் அம்மாவிடம் எனக்குப் பிடிக்காத ஒன்று நான் ஏதாவது சொன்னால் உடனே அழுவாள். தன் தலையெழுத்தைப் பற்றியும் , என் தலையெழுத்தைப் பற்றியும் பேசி கண்ணீர் விடுவாள். "இது மனசுல என்னென்ன ஆசைகளோ? ஏக்கங்களோ? பாவம் வாயத் தொறந்து சொல்லக் கூட முடியாமே ஆக்கிட்டியே கடவுளே" என்று கடவுளிடம் முறையிடுவாள். நான் ஏதாவது கேட்டால் பதிலுக்கு அழும் அம்மாவைப் பார்த்து எனக்குச் சிரிப்பாக இருக்கும். என் சிரிப்பைப் பார்த்து அம்மா மேலும் அழுவாள்.

அண்ணன் ஒரு வழியாக ஒரு வேலையில் சேர்ந்து விட்டான். அம்மா நிம்மதிப் பெருமூச்சு விட்டாள். இனி சாயங்கால இட்லிக் கடை வேண்டாம் என்று முடிவு செய்தாள். ஆனால் எனக்கு வைத்திய செலவு அதிகரித்ததால் மீண்டும் வேறு வழியில்லாமல் தொடங்கி விட்டாள். சொல்ல மறந்து விட்டேனே ! . அடிக்கடி எனக்கு நெஞ்சு வலி வரும்.. அப்போதெல்லாம் , என் போன்ற பிறவிகளுக்கு நெஞ்சு பலகீனமாகத்தான் இருக்கும் ஆனால் ஒன்றும் ஆகாது என்று பிறந்த போதே டாக்டர் சொன்னதாகச் சொல்லி என்னைத் தேற்றுவாள். சில சமயம் பொறுத்துக் கொள்ளும்படியாக இருக்கும். சில சமயம் தாங்க முடியாமல் போகும் போது , அம்மா மடியில் படுத்துக் கதறி அழ வேண்டும் போல இருக்கும். நான் சுவாசத்திற்குத் தடுமாறுவதைப் பார்த்து அம்மா பதறுவாளே தவிர மடியில் போட்டுக் கொள்ள மாட்டாள். அப்படிச் செய்தால் நான் இறந்து விடு-

வேனோ? என்ற பயம் பாவம்!. என் போன்றவர்கள் மேல் பாசம் காட்டுபவர்கள் பெற்ற தாயாக மட்டும் தானே இருக்க முடியும்?

எனக்கு நெஞ்சு வலி வரும்போதெல்லாம் டாக்டர் ஒரு ஊசி போட்டு மூக்கில் ஸ்ப்ரே செய்ய ஒரு மருந்தும் கொடுப்பார். எங்கள் மேல் இரக்கப் பட்டு பீஸ் வாங்க மாட்டார் என்றாலும் மருந்துக்குக் காசு கொடுக்க வேண்டுமே. அந்த ஸ்ப்ரே மருந்து ஐநூறு ரூபாய் விலை. எனக்கு ஆச்சரியமாக இருக்கும். ஒரு காகிததைக் கொடுத்தால் என் உயிரையே காப்பாறும் மருந்து கொடுக்கிறார்களே? எப்படி? அப்படியானால் என் உயிர் அந்தக் காகிதத்தில் தான் இருக்கிறதா? அம்மா சொன்னாள். அவள் கொடுக்கும் காகிதத்துக்கு மதிப்பு அதிகமாம். எனக்கு ஒரு நாள் இனிப்புச் சாப்பிட வேண்டும் போல இருந்தது. வீட்டிலிருந்த காகிதத்திலிருந்து ஒன்று எடுத்துப் போனேன். அம்மா கொடுத்த காகிதத்தை விட பெரியது. ஆனால் கடைக்காரர் ஏனோ எனக்கு இனிப்புத் தர மறுத்ததுமல்லாமல் என்னைப் பைத்தியம் என்றும் சொன்னார். எனக்குப் புரியவேயில்லை. அம்மாவிடம் இதைச் சொல்லவில்லை. சொன்னால் அதற்கு வேறு அழுவாள். எனக்கு அழுவதும் பிடிக்காது , அழுபவர்களையும் பிடிக்காது.

அண்ணன் இப்போது நிறைய சம்பாதிக்கிறானாம். ஆனால் வீட்டுக்குக் கொடுப்பதேயில்லையாம். மாதம் சம்பளம் மூவாயிரத்திலிருந்து , ஐயாயிரமாக உயர்ந்து விட்டதாம். அவனே சொன்னான். ஆனால் வீட்டுக்கு அதே ரெண்டாயிர ரூபாய் தான் கொடுக்கிறான் என்று அம்மா குறைப்பட்டுக் கொண்டாள். அம்மாவும் எவ்வளவோ கேட்டுப் பார்த்தாள் முடியவே முடியாது என்று சொல்லி விட்டான். எனக்கு இந்த விஷயங்கள் எல்லாம் புரிவதே இல்லை. அவனே ஒரு பெண் பார்த்துக் கல்யாணமும் செய்து கொண்டான். அம்மா தான் பாவம் திண்டாடிப் போனாள். “ஏற்கனவே காசே குடுக்க மாட்டான். இப்போ

கல்யாணம் வேற பண்ணிக்கிட்டானா? வெளங்குனாப்புல-
தான். நான் இனிமே இவளை வெச்சுக்கிட்டு என்ன செய்யப்
போறேனோ? வரவர எனக்கும் உடம்பு தள்ள மாட்டேங்குது.
வயசாகுது இல்லையா?'' என்று வருவோர் போவோரிடம்
அங்கலாய்த்துக் கொண்டிருந்தாள்.

இப்போதெல்லாம் எனக்கு நெஞ்சு வலி அடிக்கடி வரு-
கிறது. முன் எப்போதும் இல்லாத அளவு வலியோடும்
வருகிறது. சாதாரணமாக நடப்பதே கஷ்டமாக இருக்கிறது.
எனக்கு ஏனோ அம்மாவைப் பார்க்க பாவமாக இருந்தது.
அம்மாவாலும் முடியவில்லை. அடிக்கடி தலை சுற்றி உட்-
கார்ந்து விடுகிறாள். அண்ணனிடம் ஒரு நாள் இது பற்றி
சொல்ல ஆரம்பித்தேன் "ஆ , ஆங்! நீ பேச ஆரம்பிக்-
காதே! அம்மாவுக்கு ஒண்ணுமில்ல! நல்லா தூங்கி ரெஸ்ட்
எடுத்தா சரியாயிடும் , நீ இருக்கற வரை அது நடக்காது"
என்று சொல்லி விட்டு பச்சையாக ஒரு காகிதத்தை என்
கையில் கொடுத்து விட்டு அவன் வீட்டுக்குப் போய் விட்-
டான்.

எனக்கு நெஞ்சு வலி வரும்போதெல்லாம் தன்னிடம்
இல்லையென்றாலும் கூட யார் யாரிடமோ கடன் வாங்கி
என்னைக் காப்பாற்றுவாள் அம்மா. ஏன் என்னைக் காப்-
பாற்ற இத்தனை பாடு படுகிறாள் என்றிருக்கும் எனக்கு.
இந்த முறை நெஞ்சு வலியோடு வலிப்பும் சேர்ந்து கொண்-
டது. வலியோடு தள்ளாடித் துடித்துப் போனேன். கண்களி-
லிருந்து என்னையறியாமல் கண்ணீர் வந்திருக்க வேண்டும்.
அம்மா கண்களை துடைத்து விட்டபடி இருந்தாள். எல்லா
டப்பாக்களிலும் தேடி விட்டாள். எதிலும் அவள் தேடி-
யது கிடைக்கவில்லை போலும். தலையை அள்ளி முடிந்து
கொண்டு , அண்ணனின் வீட்டு போர்ஷன் கதவைத் தட்-
டினாள்.

"எதுக்கு அந்த தரித்தரத்தைக் காப்பாத்தணும். ஒரேடியா
போய்த்தான் தொலையட்டுமே! உன்னைப் பிடிச்ச சனி
ஒழிஞ்சதுன்னு நெனச்சிக்கோயேன்! இது ஒழிஞ்சதுன்னா

பெத்த கடனுக்கு நான் உன்னை வெச்சுக் காப்பாத்தறேன். தொலையட்டும் விடு. ஒவ்வொரு தடவையும் ஐநூறு ஐநூறா கொட்டிக் குடுக்க இங்கே யாரும் கோடீஸ்வரங்க இல்லே! எந்த நேரத்துல பொறந்ததோ என்னையும் சேத்து தரித்திரம் புடிச்சு ஆட்டுது. சீ!'' என்று கோபத்தைக் கக்கினான். அன்று அவனுக்கென்ன நெருக்கடியோ? பாவம்!அம்மா விக்கித்துப் போய் விட்டாள். இதை அவள் எதிர்பார்க்க-வில்லை போலும்.

பதில் ஏதும் பேசாமல் அவன் முகத்தில் காறித் துப்பி-யவள் நேரே எங்கோ ஓடினாள். யாரிடம் சென்றிருப்பாள் என்று எனக்குத் தெரியும். அவசரத்துக்கு உதவ அம்மா-வுக்கு ஒரு மாமி இருக்கிறாள். அவளிடம் தான் போயிருப்-பாள். எனக்கு வலி அதிகமாகியது. அந்த ஸ்ப்ரே மருந்தை மனம் தேடியது. ஏன் அம்மா இன்னும் வரவில்லை? ''அம்மா அம்மா சீக்கிரம் வாயேன். எனக்கு என்னவோ செய்யுதே! உன்னைப் பார்க்கணும் போல இருக்கே!. மூச்சை அடைத்தது.

திடீரென்று ஏதோ ஒரு அமைதி சூழ்ந்தது என்னை. வலி கொஞ்சம் குறைவதாகப் பட்டது. என்னைச் சுற்றி இருந்த-வர்கள் பதட்டப் பட்டனர் ''ஐயையோ! வாயில நுரை தள்-ளுதே! சீக்கிரம் டாக்டரிடம் கூட்டிப் போனால் தேவலையே'' என்று சொல்லிக் கொண்டிருந்தார்களே அன்றி யாரும் என் அருகில் கூட வரவில்லை.

திடீரென்று என் வலிகள் யாவும் நின்று விட்டன. ஏதோ மேகங்களின் ஊடே நான் மிதப்பது போல இருந்தது. உலகத்தில் உள்ள எல்லாக் குழந்தைகளும் என்னைப் பார்த்-துச் சிரித்து அழாமல் பள்ளிக் கூடம் போயின. பூக்கள் என்னைப் பார்த்து நலம் விசாரித்தன. ''அம்மா! மருந்து வேண்டாம்மா! எனக்கு எல்லாம் சரியாப் போச்சும்மா! நீ ஒண்ணும் சிரமப் படாதே! ''என்று கத்த வேண்டும் போல இருந்தது. என்ன ஆச்சரியம் என்னால் வேகமாகப் பேச முடிந்தது. ஆனால் யாருமே கவனிக்கவில்லை. தங்களுக்-

குள் குசுகுசுவென்று பேசிக் கொண்டார்கள். சிலர் “எல்லாம் முடிஞ்சிடிச்சு ” என்று சொல்லி நைசாக நழுவினர். இன்-னும் ஒருவர் அண்ணனைக் கூப்பிடப் போனார். அண்ணன் , அண்ணியோடு வந்து எட்ட நின்று பார்த்தான். ஏனோ அவன் கண்களில் கண்ணீர். எனக்கு ஒன்றும் புரியவில்லை.

மிதக்கும் உணர்வு மிகவும் சுகமாக இருந்தது. வாழ் நாள் முழுக்க இப்படியே இருந்தால் போதும் வேறு ஒன்றும் வேண்டாம் என்று தோன்றியது. ஆனால் மனம் “அம்மா ! அம்மா!” என்று கதறியது ஆனால் எதுவோ ஒன்று என்னை அந்த இடத்தை விட்டு இழுக்க ஆரம்பித்தது. “அம்மாவைக் காணுமே? எனக்கு உடம்பு சரியான விஷ-யத்தைச் சொன்னா எவ்ளோ சந்தோஷப்படுவா? ஆனா நான் ஏன் எங்கியோ போறேனே?” . அம்மாவை விட்டு விட்டுப் போக வேண்டி வருமோ என்ற பயம் முதல் முறை-யாக வந்தது.

அம்மா ஓடி வந்தாள். யாரோ என்னவோ சொன்னார்கள் . பதில் பேசாமல் தலையில் கை வைத்து உட்கார்ந்து கொண்டாள். அண்ணன் அம்மா அருகில் வந்தான். யாரை-யுமே அம்மா லட்சியமே செய்யவில்லை. என்னையும் சேர்த்துத்தான். “போயிட்டியா! ஒரேடியாப் போயிட்டியா? இன்னியோட உனக்கு விடிவு காலம் தான். அடுத்த பொறப்-பாவது நல்ல பொறப்பா இருக்கட்டும் , ஏன் தான் இந்த ஏழை வயத்துல வந்து பொறந்து தொலச்சியோ? என்ன சுகத்தைக் கண்டே?நீ பாட்டுக்கு பூ , மரம் குழந்தைகள்னு வேடிக்கை பாத்துக்கிட்டு இருப்பியே? நீ வாழ இந்த உலகத்-துல ஒரு எடம் இல்லாமப் போச்சே! போடியம்மா போ? நானும் பின்னாலேயே வரேன் போ!” என்று புலம்பிக் கொண்டிருந்தாள். கண்களிருந்து கண்ணீர் பெருகி அவள் மார்புச் சேலை எல்லாம் ஈரமானது.

அம்மாவின் பேச்சைக் கேட்கக் கேட்க எனக்குள் ஒரு பிரகாசம். தெளிவு. எனக்கு எல்லாமே புரிந்து விட்டது. அம்மாவை நினைத்துக் கொந்தளித்த மனம் நிம்மதியானது.

கொஞ்ச நேரம் அம்மாவின் விம்மல் மட்டும் கேட்டுக் கொண்டிருந்தது அதன் பின்னர் எங்கும் எதிலும் நான் விரும்பிய அமைதி , நிம்மதி. அந்த உலகத்தில் இருந்த எல்லார் முகத்திலும் புன்னகை.

3. ஏக்கம் நிறைவேறுமா?

- தேவவிரதன்

"பணி ஓய்வு பெற்ற பின்னால் எங்கேனும் ஒரு குக்-கிராமம்! அதில் ஓரளவு சுமாரான ஓட்டு வீடு; வாசலில் திண்ணை! திண்ணையைத் தாண்டி ஒரு வேப்பமரம். உள்ளே போனால் ஒரு ரேழி, அதைத் தாண்டிய பின்னர் கம்பி போட்ட முற்றம், தாழ்வாரம். தாழ்வாரத்தின் பக்க-வாட்டில் ஒரே ஒரு அறை; அதையும் தாண்டி பூஜை-யறை.அதையொட்டி சமையலறை. பின்னால் ஓரளவு பெரிய தோட்டம்; கிணறு அவசியம்! அதனருகில் துவைக்கும் கல். ஏழெட்டு தென்னை, பூச்செடிகள், பவழமல்லி மரம், மாம-ரம், பலா மரம், வாழை மரம் கொஞ்சம் பாகற்காய் கொடி, கீரைகள் இப்படி! ஓரிரு பசு மாடு இருந்தால் அற்புதம்!

குக்கிராமத்துக்கு அருகில் ஒரு பத்துப் பதினைந்து கிலோமீட்டர் தூரத்தில் ஒரு சிறு நகரம். (டவுன்) இருக்க வேண்டும்; வாரம் ஒரு முறை டவுனுக்கு போய் ஏதேனும் அவசியத் தேவை இருந்தால் வாங்கலாம். "வாடா அம்பி, என்ன கும்மோணத்துக்கு போய்ட்டு வந்தியா?" என்று அடுத்த வீட்டுக் கிழவர் விசாரணை.

காலை எழுந்து பல் விலக்கியதும் காபி! (அது இல்-லைன்னா சரிப்படாது) அதன் பின்னால் செய்தித்தாள். அதை ஒரு பத்தி விடாமல் படித்து முடிக்க வேண்டும். அப்-புறம் பழையது! தொட்டுக் கொள்ள வடுமாங்காய், மோர்மி-ளகாய், வெங்காயம், பச்சை மிளகாய்; அப்புறம் தோட்டத்-தில் கொஞ்சம் நேரம் வேலை.

அதன் பின்னால் குளியல். கொஞ்சம் நேரம் பூஜை முடிந்ததும் ஊரிலுள்ள ஈஸ்வரன் கோவிலுக்கோ, பெருமாள் கோவிலுக்கோ செல்லுதல், வழிபாடு. முடித்து விட்டு வந்தால் பதினோரு மணிக்கு சாப்பாடு. அதன் பின்னால் வாசல் திண்ணையில் ஒத்த வயதுடைய அக்கம் பக்கத்து கிழங்களுடன் அரட்டை சிறிய பேட்டரி ரேடியோவில் செய்தி கேட்டுக் கொண்டே விமர்சனம்! சரியான செட்டாக நாலைந்து பேர் சேர்ந்தால் கேரம் போர்டு, காசு வைக்காமல் ரம்மி!

மதியம் இரண்டு மணி நேரம் தூக்கம்; மாலை ஒரு காபி! கொஞ்சம் தோட்டத்தில் தண்ணீர் பாய்ச்சும் வேலை. மாடு இருந்தால் பால் கறப்பது அடிஷனல். அப்புறம் கோவிலுக்கு ஆறு மணி பக்கம். அங்கு தரிசனத்துக்கு பின்னால் ஒரு ஏழெட்டு டிக்கெட்டுகள் உட்கார்ந்து பல விஷயங்கள் பற்றி அலசல் ஒரு எட்டு மணி வரை.

பின் வீடு திரும்பி எளிய டிபன்; நாலு இட்லி அல்லது இரண்டு சப்பாத்தி! கொஞ்சம் பால். ராத்திரி திண்ணையில் பாய் விரித்துக் கொண்டு அக்கம் பக்கம் தோஸ்துகளுடன் இருட்டில் பேசிக் கொண்டே படுக்கை; தூக்கம் வரும் போது தூங்கிப் போகுதல். (முடிந்தால் வாசலில் உள்ள வேப்பமரத்தின் கீழே) கயிற்றுக்கட்டிலில் படுத்து ஜம்மென்று உறக்கம்!

செல்போன் இல்லை; கணினி இல்லை; டிவி இல்லை; பேஸ்புக் இல்லை. வாட்ஸ்அப் இல்லை! எதுவுமே இல்லை!! உடலில் நோயுமில்லை, மனதில் கவலையுமில்லை!!! வாய்க்குமா?"

***

சிவசங்கரன் தன்னுடைய சிறிய உரையை முடித்ததும் அரங்கத்தில் கைத்தட்டல் பலமாக ஒலித்தது. தொடர்ந்து பலர் ஒருவருக்கொருவர் பேசிக் கொள்ளும், சிரிக்கும் கலகலவென்று ஓர் சூழ்நிலையை உருவாக்கியது.

அது ஒரு சிறிய, அழகான, சுத்தமான கம்யூனிட்டி ஹால். கிட்டத்தட்ட ஒரு நூறு பேர், எல்லாருமே மூத்த குடிமகன்கள் அமர்ந்திருந்தனர். உரை ஆற்றிய சிவசங்க-

ரனும் ஒரு மூத்த குடிமகன்தான்.

“ஸைலன்ஸ்... அமைதி..” என்றபடி மேடையில் ஒரு நடுத்தர வயது மனிதர் போடியத்திற்கு வந்தார்.

ஹாலில் நிலவிய சப்தம் மெதுவாக அடங்கியது. சிவசங்கரன் மேடை மேல் இருந்த ஒரு நாற்காலியில் புன்னகையுடன் சென்றமர்ந்தார்.

“அன்புள்ள நண்பர்களே, ‘ஏக்கம் நிறைவேறுமா?’ என்ற தலைப்பில் நமது நண்பர் திரு.சிவசங்கரன் மிக அழகாக, எளிமையாக, கவித்துவம் ததும்ப தன் ஆசையை வெளிப்படுத்தியிருந்தார். நம் எல்லோருக்குமே ஏறக்குறைய இந்த ஏக்கம் மனதின் அடியில் இருக்கும் என்று நம்புகிறேன். தற்போது சிவசங்கரன் வெளிப்படுத்திய கருத்துக்களை ஒட்டியோ, அல்லது வெட்டியோ பேச அரங்கத்தில் இருக்கும் ஓரிரு நண்பர்களை அழைக்கிறேன்,” என்றார்.

ஒரு விநாடி அமைதிக்குப் பின் ஒரு பெரியவர் எழுந்து மேடைக்கு வந்தார். அவருக்கும் வயது அறுபதுக்கும் மேலிருக்கும்.

அவர் மைக்கின் அருகில் சென்று பேசத் தொடங்கினார்.

“நண்பர் திரு.சிவசங்கரனின் ஏக்கம் ஏதோவொரு வகையில் நம் எல்லோருக்கும் உள்ளது. ஆனால், அதன் பரிமாணங்கள் வெவ்வேறாக இருக்கலாம். நான் எனது சில கருத்துக்களை உங்களுடன் பகிர்ந்து கொள்ள ஆசைப்படுகிறேன்,” என்று நிறுத்தினார்.

“பதினெட்டாம் நூற்றாண்டின் தொடக்கங்களில் தமிழ்நாட்டின் கிராமங்களில் இருந்த வாழ்க்கை முறையை அவர் உரை நம் கண்முன் கொண்டு வந்து நிறுத்தியது. நானும், கிராமத்தில் பிறந்து வளர்ந்தவன் என்ற போதிலும், என் நினைவில் ஒரு சில நிகழ்வுகளே பதிவாகி இருக்கிறது. குறிப்பாக எங்கள் வீட்டில் காலையில் சாப்பிடும் பழையதும், வடுமாங்காயும். ஆஹா, அதன் சுவையே அலாதிதான்! நான் பள்ளி செல்லும் பருவத்தில் இருந்ததால், பெரும்பாலும் ஸ்கூல் போவதற்கு முன் சாப்பிடுவது பழையதுதான்.

ஆனால், இப்போது அதே பழையதை இந்த வயதில் காலங்கார்த்தாலே சாப்பிட்டால் ஜீரணம் ஆகுமா என்பது சந்தேகமே! எனக்கு அந்த வயசிலேயே பழையது சாப்பிட்டு விட்டு ஸ்கூலுக்குப் போனால் தூக்கம் தூக்கமாக வரும். இந்த வயதில் சாப்பிட்டால் தூக்கம் வருவது ஒருபக்கம் இருக்கட்டும். ஷுகர், பிபி, தவிர, அஸிடிட்டி என்று பல்-வேறு நோய்கள் நம்மைப் படுத்தும்போது கார்போஹைடிரேட் அதிகம் உள்ள பழையது எப்படி சரிப்படும் என்று தெரிய-வில்லை," என்று அவர் பேசி முடித்ததும், மீண்டும் அரங்-கத்தில் சிரிப்பொலியும், பேச்சும் எழுந்தது.

பேசியவர் கீழே வருவதற்கு முன்பே, இன்னொருவர் மேடைக்குச் சென்றார்.

"நான் திரு.சிவசங்கரனின் பேச்சை மிகவும் ரசித்தேன். அந்தக் காலத்து தமிழ் நாவல் ஒன்றைப் படிப்பது போல் இருந்தது. நான் பழைய அமுது பற்றிப் பேசப் போவதில்லை. ஏனெனில், இன்றைய விஞ்ஞான, மருத்துவ உலகில் அதற்கு உள்ள சிறப்பை திடீரென்று உணர்ந்து அதை விளக்கக் கூட வரலாம். நான் சொல்லப் போவது வேறு. அது மாடுகளைப் பற்றி. ஓரிரு பசுமாடு என்றார் நண்பர் சிவசங்கரன்.

மாடு வளர்த்துப் பேணிக்காப்பது என்பது எளிதான சமாச்சாரமில்லை. நான் சிறுவனாக இருந்தபோது எங்கள் வீட்டில் பசுமாடு இரண்டு இருந்தது. அதையும், மாட்டுக் கொட்டிலையும் கவனிப்பது என்பது ஒரு முழுநேர வேலை. அதை என் அப்பா, அம்மா கூட அந்தக் காலத்தில் பார்த்-துக் கொண்டது கிடையாது. ரங்கன் என்று ஒரு வேலைக்-காரன் இருப்பான். அவன் காலையில் வந்தால் மாடு கறப்-பதில் இருந்து, சாணத்தை எடுத்துப் போவது, மாட்டைக் குளிப்பாட்டுவது, அதற்குத் தீனி போடுவது, பிறகு கொட்-டிலை சுத்தம் செய்வது என்று பல ஜோலிகள் இருக்கும். அவன், அதோடு தோட்டத்தையும் பெருக்கி, சுத்தம் செய்-வான். மாட்டை சினைக்கு விடுவது, அதற்கு உடம்புக்கு

வந்தால் பார்த்துக் கொள்வது, கன்று போடுவது, அதைக் கண்காணிப்பது என்று நான் அறிந்தவரை அது ஒரு முழு-நேர வேலை. இன்று, இந்த வயதில் நம் நண்பர் சொன்னது போல் கிராமத்தில், அதுவும் அவர் குக்கிராமம் என்றார்; அங்கு போய் இந்த உடலுழைப்புக்கு நம் உடம்பு ஒத்து-ழைக்குமா, அல்லது ரங்கன் போல் இந்த நாளில் ஒரு வேலைக்காரன் கிடைப்பானா என்பது தெரியாது. நான் சென்னை வந்த புதிசில் சிறிது காலம் திருவல்லிக்கேணியில் இருந்தேன். அங்கு தெருவில் இருக்கும் மாடு நடமாட்டம் இன்றும் தொடர்வதாகப் பலர் சொல்கிறார்கள். பேப்பரில் எழுதுகிறார்கள்.''

பலத்த சிரிப்பு எழுந்தது.

``ஆக, மாடு வளர்ப்பது நமக்கு சரிப்பட்டு வரும் என்று எனக்குத் தோன்றவில்லை..'' என்று முடித்தார் அவர்.

அரங்கம் மீண்டும் கைத்தட்டலில் அதிர்ந்தது.

அவர் மேடையிலிருந்து இறங்கவும், இன்னொரு மனிதர் ஏறுவதும் நிகழ்ந்தது. அவர் என்ன பேசப் போகிறார் என்ப-தைக் கூட்டம் ஆர்வத்துடன் கவனித்தது.

``ஏக்கம் நிறைவேறுமா?'' என்ற தலைப்பில் சிவசங்கரன் ஆற்றிய உரை ஒரு சிறிய, சுவாரசியமான விவாதத்தை உருவாக்கும் என்று எவரும் எதிர்பார்க்கவில்லை; இருந்தா-லும், கவனத்தை ஈர்க்கும் விஷயங்கள் காலத்திற்கேற்ப முன் வைக்கப்பட்டது மக்களின் ஆர்வத்தைக் கூட்டியது.

மேடையில் ஏறிய நண்பர் புன்னகை புரிந்தார். பின் பேச ஆரம்பித்தார். ``இரண்டு நண்பர்கள் இரண்டு விஷயங்க-ளைப் பற்றியும், அதில் உள்ள பிராக்டிகல் சிரமங்கள் பற்றி-யும் குறிப்பிட்டனர். நான் வேறொரு விஷயம் பற்றிப் பேசப் போகிறேன். அதாவது தோட்டம், வயல் இவை குறித்து. எனக்குத் தோட்டம் வைத்துப் பராமரிப்பது என்பது மிகவும் பிடித்ததொன்று. என் தனி வீட்டில் ஒரு அழகான தோட்-டம் போட்டு ஓரளவுக்குப் பாதுகாத்து வந்தேன். ஆனால், தோட்டம் போட்டு வளர்ப்பது சாதாரணம் என்று நினைத்து

விடாதீர்கள். உங்கள் குழந்தைகள், அல்லது மாடு, கன்று, நாய் இவை வளர்த்தால், அதில் எவ்வளவு அக்கறை காட்டுவீர்களோ, அதே அளவு அக்கறை இதிலும் செலுத்த வேண்டும். நல்ல பொழுதுபோக்கு என்றாலும், மேலெழுந்த வாரியாக ஏதோ புத்தகம், படிப்பது போலோ, பிரவசனம் கேட்பது போலவோ, சினிமாவை ரசிப்பது போன்றோ அல்ல. நிறைய உடல் உழைப்பும், கவனமும் மிகவும் அவசியம். ஆனால், அப்படி நீங்கள் வளர்த்து, பெரிதான செடியில் பூக்கும் போதோ, காய்க்கும் போதோ தோன்றும் மகிழ்ச்சி அலாதியே. வயல், வரப்பைப் பற்றி எனக்கு அதிகம் தெரியாது. ஆனால், அவற்றில் இறங்கி வேலை செய்ய ஆட்கள் கிடைப்பதும், அதைச் சரியான முறையில் கவனிப்பதற்கும் தனித்திறமை வேண்டும் என்று சொல்வார்கள்,'' என்றார்.

இவருடைய பேச்சு கொஞ்சம் 'சீரியஸாக' இருந்ததால் கேட்டுக் கொண்டிருந்த கும்பல் அமைதி காத்தது. எல்லோருமே சற்று யோஜனையில் ஆழ்ந்து விட்டார்கள் போல் தோன்றியது.

இந்த நிகழ்ச்சிக்கு வந்திருந்த மக்களில் பெண்டிர் அதிகம் இல்லை. இரண்டு, மூன்று பேர்களே இருந்தனர். திடீரென்று அதிலிருந்து ஒரு பெண்மணி எழுந்து 'நான் பேசலாமா?' என்றாள்.

எல்லோர் பார்வையும் அவள் பக்கம் திரும்பின. அந்தப் பெண்மணிக்கும் ஐம்பது வயதிற்கு மேல் இருக்கும். சற்று இரட்டை நாடியாக, முகத்தில் களையுடன் இருந்தாள். காதுகளிலும், மூக்கிலும் வைரங்கள் ஜொலித்தன.

மேடையில் இருந்த நடுத்தர வயதுக்காரர் ''ஓ.. கட்டாயமாக,'' என்றார்.

அந்தப் பெண்மணி மெதுவாக நடந்து மேடையின் படிகளில் கவனமாக ஏறினாள். மைக் அருகே சென்றபோது சற்றுக் கசமுச என்ற பேச்சு அடங்கி அமைதி நிலவியது.

''என் பெயர் வசந்தா. நான் கும்பகோணத்தைத் சேர்ந்தவள்தான். திரு.சிவசங்கரன் பேசியதையும், அதைத்

தொடர்ந்து மற்றவர்கள் கருத்துக்கள் பரிமாறிக் கொண்டதை-யும் ரசித்தேன். ஆனால், எனக்கு ஒரு குறை. இது ஒரு ஆணின் கனவாகத்தான் தோன்றுகிறது. ஏக்கமாகத்தான் பிரதிபலிக்கிறது. அதே வயதுள்ள, அல்லது சற்று வயது குறைந்த அவர் மனைவிக்கு உள்ள ஏக்கமாக எனக்குத் தோன்றவில்லை. காலையில் சுடச்சுட காபி குடித்து விட்டு எட்டு, ஒன்பது மணிக்கு 'ஜில்'லென்று பழையது சாப்பிட வேண்டும் என்கிறார். அது இன்றைய சூழலின் முரண்-தான். ஆனால், அதற்கும், அவர் வீட்டில் ஒரு பெண்-மணி முதல் நாள் சாதம் வடித்துத் தண்ணீர் ஊற்றி வைக்க வேண்டும். கிராமங்களில் கூட இப்போது 'காஸ்' கனக்ஷன் வந்து விட்டது என்கிறார்கள். அது எனக்குத் தெரியாது. நான் பிறந்து, கொஞ்ச நாட்களே இருந்த என் கிராமத்தைப் பற்றி எனக்கு எந்த விவரமும் தெரியாது. அது போகட்-டும். 'காஸ்' இல்லை என்றால் 'இன்டக்ஷன் ஸ்டவ்'வோ, 'மைக்ரே வேவ் அவனோ' இருக்குமா? கும்மட்டி அடுப்-பிலோ, விறகு அடுப்பிலோதான் சமைக்க வேண்டும் எனில், எங்களால் சத்தியமாக முடியாது.

'நியூஸ் பேப்பரையும்', 'அரசியல் அக்கப்போரை'யும் தவிர வேறெந்த விதமான பொழுதுபோக்கும் இருக்கக் கூடாது என்கிறார் திரு.சிவசங்கரன். பெண்கள் என்ன செய்-வது? ஆட்டுக்கல்லில் தோசைக்கும், இட்லிக்கும் அம்மியில் சட்னி, மோர்க் குழம்புக்கும் 'மாங்கு மாங்கு' என்று அரைத்-துக் கொண்டு சதாசர்வ காலமும் சமையல் பற்றியும், வீட்-டைப் பெருக்கித் துடைத்து, பாத்திரம் தேய்த்து, கிணற்றில் தண்ணீர் இழுத்துத் துணி தோய்த்து தேய்வதுதான் பெண்க-ளின் பொறுப்பா? எனக்குத் தெரியவில்லை! இந்தக் கருத்து மொத்தமுமோ 'மேல் ஷாவினிஸ'மாகத் தோன்றுகிறது. நான் படியேறி வரவும், நடக்கவும் எவ்வளவு கஷ்டப்படுகிறேன் பார்த்தீர்களே? 'ஆஸ்டோ ஆர்த்ரைடிஸ்' இல்லாத பெண்கள் இன்று சமுதாயத்தில் மிகக்குறைவு. பெண்கள் தன் நாட்-டிலும், வெளியூரிலும், வெளிநாட்டிலும், எங்கு சென்றாலும் புருஷனுக்காகவும், குழந்தைகளுக்காகவும், பேரன் பேத்தி-

களுக்காகவும் வேலை செய்ய வேண்டியிருக்கிறது. இதற்கு திரு.சிவசங்கரனிடம் ஏதாவது பதில் இருக்கிறதா?''

கூட்டத்தில் சிரிப்பொலியும், பேச்சும் எழுந்தன. புன்னகையுடன் மெதுவாகத் தன் இடத்திற்குத் திரும்பினாள் வசந்தா. மேடையில் இருந்த அந்த நடு வயதினர் ''வெல் ஸெட் மேடம்.. வேறு யாராவது கருத்து சொல்ல விரும்புகிறீர்களா?'' என்றார்.

கடைசி வரிசையில் அமர்ந்திருந்த ஒரு வெளிநாட்டவர்-இத்தனை நேரம் வரை அவரை எவருமே கவனிக்கவில்லை, அவர் தன் கையை உயர்த்தி விட்டு வந்தார்.

அரங்கத்தில் இருந்த அத்தனை கண்களும் அவரை வியப்புடன் பார்த்தன. ''இவர் யார்? இவர் எப்படி இந்தக் கூட்டத்தில் என்ற கேள்வி'' எல்லோர் மனசிலும் தோன்றியது.

அவர் மேடையேறி மைக்கின் அருகே சென்ற போது மீண்டும் ஊசி விழுந்தால் கூடக் கேட்கும் அளவு நிசப்தம் நிலவியது.

''வணக்கம்'' என்ற தமிழில் அவர் தொடங்க அத்தனை பேரும் அயர்ந்தனர்.

''நான் ஜான் ஸ்டீபன். பிறப்பினாலும், வளர்ப்பினாலும் நான் ஓர் அமெரிக்கன். ஆனால் கடந்த பத்து ஆண்டுகளாக நான் இந்தியாவில்தான் வாழ்கிறேன்-குறிப்பாகத் தமிழ்நாட்டின் தென்பக்கத்தில்-தஞ்சாவூருக்கு அருகே உள்ள புதுசத்திரம் என்ற கிராமத்தில்.

இந்தப் பத்து ஆண்டுகளில் நான் தமிழை நன்கு கற்றதோடன்றி, இந்தியாவின் பிற பகுதிகளுக்கும் பயணம் செய்திருக்கிறேன்.

உங்கள் நாட்டின் சரித்திரம், மரபுகள், கடவுள் நம்பிக்கை, தத்துவங்கள் எல்லாவற்றையும் பற்றிக் கொஞ்சம், கொஞ்சம் தெரிந்து கொண்டிருக்கிறேன். நான் இந்த அளவுக்குத் தமிழ் பேசக் காரணம் என்னுடைய ஆசான் திரு.வேங்கடரமணன் என்ற தமிழ்ப் பேராசிரியர்தான். நான் அமெரிக்காவின் டல்-

லஸ் மாநிலத்திலிருந்து தென்னிந்திய வாழ்க்கை, கலாசாரத்தைப் பற்றி ஆராய்ச்சி செய்ய இந்தியா வந்த நாளிலிருந்து எனக்குத் தமிழையும், இந்தியாவின் மக்களையும், வாழ்க்கை முறைகளையும் கற்றுக் கொடுத்தவர் அவர்தான்.

நீங்கள் அனைவரும் இந்த அமெரிக்கன் யார்- இவன் எப்படி நம் வாழ்க்கை முறை, கனவு, ஏக்கங்கள் பற்றிய பேச்சில் குறுக்கிடலாம் என்று நினைக்கலாம்; அதில் தவறில்லை. ஆனால், பொதுவாக எந்த ஒரு விஷயத்தையும் அலசி, ஆராயும்போது அதில் சம்பந்தப்படாத ஒருவர், இருபுறங்களின் நியாயங்களையும் கேட்டு, எந்தவிதமான சார்பு நிலை இல்லாமல் கருத்து சொல்வது முறையானது என்பது எல்லோருக்கும் தெரியும். தயவு செய்து நான் தீர்ப்பு சொல்ல வந்திருப்பதாக நினைக்க வேண்டாம். நான் இருந்து, பார்த்து, அனுபவித்த சிலவற்றிலிருந்து என் மனதில் தோன்றியுள்ள ஒரு சில கருத்துக்களை உங்களுடன் பகிர்ந்து கொள்ள விரும்புகிறேன்.

உங்கள் நாட்டில் உள்ள குடும்பம் என்ற கருத்து மிகவும் சிறப்பானதொன்று. உங்கள் நாட்டில் பெரும்பாலான பெற்றோர் தங்களைக் காட்டிலும், தங்கள் குடும்பத்தையே அதிகம் நேசிக்கின்றனர். நாங்கள் பெரும்பாலும் எங்களுக்காகவே வாழ்பவர்கள். உறவின் எல்லைகளை வகுத்துக் கொண்டவர்கள்.

இந்தியப் பெற்றோர் தங்கள் பிள்ளைகளுக்காக எந்தவிதமான சமரசமோ, தியாகமோ செய்யத் தயங்குவதில்லை- அவர்கள் எல்லாம் வளர்ந்து பெரியவர்கள் ஆன பின்புகூட. அதுதான் உங்கள் பலம்; பலவீனமும் அதுவே! எந்த பலமும், எல்லைகளை விரிக்கும்போதோ, தாண்டும் போதோ பலவீனமடைவதைத் தடுக்க முடியாது.

முதலில் பேசிய திரு.சிவசங்கரனின் ஏக்கம் எனக்குப் புரிகிறது. இப்போது நான் தமிழ்நாட்டில் இருப்பது ஒரு கிராமத்தில்தான். ஆனால், அங்குகூட டிவியும், கம்ப்யூட்டரும், இன்டர்நெட்டும் ஓரளவு ஊடுருவி விட்டன. அவர் கற்பனை செய்த காலம் வேறு; இன்றுள்ள நிலை வேறு. குறிப்பாக,

மற்ற மாநிலங்களைவிடத் தமிழ்நாட்டில் வசதியற்ற கிராமங்கள் குறைவு. அங்கு உள்ள பழைய குடும்பங்கள் எல்லாமே நகரங்களையும், வெளிநாடுகளையும் தேடிச் சென்று விட்டன.

நான் இங்கு பேச வந்தது எது சரி- எது தப்பு என்று சொல்வதற்கில்லை.

ஒவ்வொரு மனிதனும் அவனுடைய கடந்த காலத்தை நினைத்துப் பார்க்காமல் இருப்பதில்லை. அது அவனுக்கு ஏக்கத்தைத் தருகிறதா அல்லது மகிழ்ச்சியா என்பதும் அவரவரைப் பொறுத்த சமாச்சாரம். நீங்கள் உங்கள் பெற்றோரிடமிருந்து விலகி நகரம் வந்தபோது அவர்களின் வழக்கங்கள், வாழ்க்கை முறைகளிலிருந்து மாறுபட்டிருப்பீர்கள். அதேபோல் அமெரிக்காவில் வாழும் உங்கள் பிள்ளைகள், பெண்கள் உங்களிலிருந்தும் மாறுபடுவார்கள். அமெரிக்க நாடு, எல்லோரும் சொல்வதுபோல் ஒரு முதலாளித்துவ தேசம். இங்கு பணத்திற்கும், அன்றன்றைய சவுகரியங்களுக்ும் தான் முக்கியத்துவம். புலம் பெயர்ந்து வந்து, அமெரிக்கா மற்றும் இதர நாடுகளில் குடியேறி உள்ள ஒவ்வொரு வெளிநாட்டுப் பிரஜைக்கும், உள்ளுக்குள் அந்த ஏக்கம் இருக்கும்.

ஆனால்•••

அதை உங்களால் இப்போது செயல்படுத்த முடியாது. சில சுகங்களுக்குப் பழகிப் போன மனமும், உடலும் திரும்ப நீங்கள் ‘எளிமை’ என்று நினைக்கின்ற ‘கடினமான’ வாழ்க்கைக்குத் திரும்ப முடியாது. இதை நான் குற்றமாகவோ, குறையாகவோ சுட்டிக் காட்டுவதாக நினைக்க வேண்டாம். மாற்றங்கள்தான் நிரந்தரம். இதை நான் சொல்ல வேண்டியதில்லை. உங்கள் அனைவருக்குமே தெரியும்,” என்று முடித்தான்.

ஒரு விநாடி அமைதிக்குப் பின் எல்லோரும் பலமாகக் கைதட்டினார்கள்.

***

கூட்டம் முடிந்து வெளியே வந்து ஒவ்வொருவரும் அந்த அரங்கத்தின் மிகப்பெரிய கார் பார்க்கிங்கில் இருந்த தங்கள், தங்கள் கார்களில் ஏறி பல மைல் தூரங்களில் இருந்த வீடு-களுக்குச் சென்றனர். சாலைகளில் விரைந்து செல்லும் கார்-களைத் தவிர வேறு மனித நடமாட்டம் இல்லை.

ஏனெனில், அது ஸான் ஸான் ஹோஸே என்ற கலி-போர்னியா மாநிலத்தில் உள்ள ஓர் பிரபல அமெரிக்க நகரம்.

4. மழைக் காகிதம்

வேலப்பன்••• ரெண்டு கைகளையும், முழங்காலுக்குள் வைத்தவனாய்•••குறுகிப்போய் இருந்தான்.

“”என்ன மாப்ளே தறியெல்லாம் எப்படி ஓடுது?”

ஆறுச்சாமி மச்சான், சொந்த அக்காவான பாப்பாத்தியின் வீட்டுக்காரர், வேலப்பனின் பங்காளி சுப்ரமணியத்திடம் விசாரித்துக் கொண்டிருந்தார்.

“”ஏதோ,வாரம் போகுது.. ஒண்ணும் சரியில்லீங்க மச்-சான். ஆளு பாடு தான் பெரும் பாடு”-புலம்பினான் சுப்ர-மணி.

எலெக்சன் முதல் இந்நாள்அரசியல் வரை•••ஓடிக்-கொண்டிருக்க•••

வேலப்பன் மட்டும், நிலத்தையே வெறித்துக்கொண்டிருந்-தான். அய்யன் இறந்து மூணாவது நாள்•••சாதி சனங்க எல்லாம் விருந்தில் மூழ்கி,சொந்த பந்தங்களைக் குசலம் விசாரித்துக் கொண்டிருந்தனர்.

நாலு நாளுக்கு முன்னாடி,தன்னுடன் வண்டியில் உக்-காந்து கொண்டு, “”ஏன்டா வேலப்பா•••மூலையில் கெடக்-கிற வெறுங்காட்டுல 10 தென்னம் புள்ளய நட்டா என்ன?”

கேட்ட அய்யனின் முகம் நினைவுக்கு வர,கண்களில் நீர் ஆறாய் வழிந்தது.

“”ஏம்ப்பா, வேலப்பா,துணியக்கூட மாத்தாம இப்புடி குளிருல உக்காந்துட்டு இருக்கியே...மச்சான் எத்தன தடவ உன்னக் கூப்பிடறது?” அக்காவின் பேச்சு குலுக்க...எழுந்து, துணியை மாற்றினேன்.

ஆச்சு...பால்,நெய் ஊற்றிவிட்டுத் திரும்பிய கையோடு,காகத்துக்கும் அன்னம் வெச்சாச்சு...ஊரே வடை பாயசத்தோடு கூடிய மதிய விருந்தைப் பாராட்டிக்கொண்டிருக்க...ஒண்ணு ரெண்டு பேர்,பால் கறக்கவேணும்னு சொல்லிட்டு கௌம்பிட்டு இருக்காங்க...

“”என்ன இருந்தாலும் கவுண்டர் இப்புடி பொசுக்குனு போனது கஷ்டமாத்தான் இருக்கு. பையனுக்கு காலாகாலத்துல ஒரு கலியாணத்த முடிச்சிருந்தாருன்னா நிம்மதியா இருந்திருக்கும்...ம் நம்ம கையில என்ன இருக்கு?” — பெரிய தனக்காரரர் சேர்மேனிடம் சொல்லிக்கொண்டிருந்தார்...

“”எல்லாஞ்செரிதான்...இந்த பொட்டக்காட்ட வித்துப்போட்டு,காச பதவிசா பேங்குல போட்டு வெச்சுட்டு நிம்மதியா காலம் தள்ளியிருக்கலாம்...அத உட்டுப்போட்டு இந்தப்பையனையும் இப்புடிப் பண்ணீட்டாரே....” பதிலுக்கு சேர்மேன் சொல்ல...

வேலப்பனுக்கு “சுர்’ என்று தைத்தது. ஆறு மாதங்களுக்கு முன், இதே சேர்மேன் தன்னுடைய காட்டை, காத்தாடிக்காரனுக்கு சலீசான ரேட்டுக்கு வித்துட்டு, இப்போ காரும், பாருமா சுத்தறது அய்யனுக்கு சுத்தமாப் புடிக்கலீங்கறத அய்யன், போனவாரம் சொன்னது இப்போ நினைவுக்கு வந்தது-

எழுபது வயதிலும் அய்யனின் அந்த தீர்க்கதரிசனப் பார்வை,வேலப்பனை நிமிர்ந்து நிற்கச் செய்திருந்தது.

“”வேலப்பா, நீ எந்தக் காரணத்தக் கொண்டும்,எனக்குப் பின்னிட்டு இந்தக்காட்ட வித்துடாதப்பா. நீ வேணும்னாலும் மேல இன்னும் படிச்சுக்கோ...வேறதொழில் செஞ்சுக்கோ...அப்பிடியே இந்தக் காட்டயும் பராமரிச்சு வெச்-

சுகிட்டிரு•••இந்தக்காடுதான் நம்ம குல தெய்வம் . நம்மு-ளுக்குன்னு இருக்கிற இந்த 2ஏக்கருல 100,150 தென்னம் புள்ளயப் போட்டாலும் வாழ்நாளுக்கும் நம்மளக் காப்பத்தும்''

அய்யன் சொன்னபோது கண்களில் ஒளிவிட்ட அந்த நம்பிக்கையை,கண்ணீர் சற்று அதிகப்படுத்திக் காட்டியது.

“”காட்ட நம்பி, நாம என்ன கண்டோம் காடு முச்சூடும் களை முளைச்சுக் கிடக்கு சுத்தம் பண்ணக்கூட,காசு அசலாருகிட்டத்தான் கேட்கோணும்•••''

அம்மா அருக்காணி கூறிய போது,அய்யனின் கண்களில் அதுவரை காணாத கோபம்•••அம்மா அடங்கிப் போனாள்.

“”அய்யா•••நானும் ரெண்டு டிகிரி வாங்கியாச்சு•••இன்-னும் வேலை கெடச்ச பாடில்ல•••பேசாம விவசாயத்துலயே எறங்கிடலாமுன்னு பாக்கிறேனுங்க•••''

வேலப்பனின் சொல் அய்யாவின் மனதைத் தைத்திருக்க வேண்டும்•••தோளில் கிடந்த ஈரத்துண்டை எடுத்து கால் மேல் போட்டவாறு “”நீ சொல்றது நாயந்தான்••• ஆனா இந்த வேலை செய்றவனுக்கு இந்தக்காலத்துலே எவனும் பொண்ணு கூடக் குடுக்க மாட்டேங்கிறானே? என்ன சாமி பண்றது••••'' நிமிர்ந்து பார்த்த போது அவரது கண்களில் கண்ணீர் பளிச்சிட்டது.

“”அதெல்லாம் வேண்டாம். ஒனக்கு வேல கெடச்சா போயிரு•••நான் இருக்கிற வரைக்கும்,ஏதோ காய் ,கசம்பு போட்டு சந்தைக்குக் கொண்டுபோனா,ரெண்டுபணம் கெடைக்கும்•••கைச்செலவுக்கு ஆகும்•••உனக்கும் பாரம் தெரியாது''-உண்மை கொப்பளித்த வார்த்தைகள், வேலப்-பனை ஏற்கச்செய்தன.

கூட்டம் மெதுவாகக் கலையத் தொடங்கியது. நாலுமணி-வாக்கில், தெக்கால, மாட்டு வண்டியோரமா நடந்த வேலப்-பனின் கண்களில் அய்யன் போட்ட மாட்டுச்சாளை தென்-பட்டது.

எத்தனை நேரம்•••அவருடன் உக்காந்து பழங்கதைக-ளைப் பேசியிருப்போம்.ஒருநாள் அக்கா பொண்ணு மணி-

யாள் வந்து அப்புச்சி,செவல மாட்டுக்கன்ன எனக்குக் குடுங்க.நாங்க எங்க ஊருக்குக் கொண்டுபோறோம்னு சொன்னதும்,அன்னிக்கு சாயந்தரமே வண்டிபிடித்து கந்தன்-வலசுக்கு அனுப்பிவைத்தது ஞாபகம் வந்தது.இன்னிக்கு அந்தக் கன்னு மூணு ஈத்துத் தள்ளியாச்சு•••

அக்கா பாப்பாத்தியும்•••சும்மா சொல்லக்லக்கூ-டாது••••அய்யன் பேச்சைத் தட்டாத பொண்ணு•••போன எடத்துல பதவிசா நடந்திட்டதால,மச்சாங்க்கிட்டயும்,அவுங்க ஆளுககிட்டயும் நல்ல பேர்.கொலத்துல என்ன விசேசம்-னாலும், அக்காவத்தான் மொதல்ல கூப்பிடுவாங்க•••அப்படி ஒரு வளர்ப்பு.

சரக்கென்று சத்தம் கேட்க•••திரும்பியபோது, தட்டுப்போ-ருக்கிட்டேருந்து சின்னையன், “”அய்யாவின் தம்பி ஏங்-கண்ணு, அய்யன் பணம்,கிணம் ஏதாச்சி வெச்சிட்டுப்போயி-ருக்குதா?”

தன் பங்கில் இருந்த ஒரு சிறிய ஒட்டு நிலத்துக்-கும்,சண்டைபோட்டுக்கொண்டு பிரித்துக்கேட்ட அதே சின்-னையன்•••இப்படிக் கேட்டதில் ஒன்றும் அதிசயம் இல்லை.

“”வேலப்பா•••உஞ் சித்தப்பனுக்கு,அந்தக் கெணத்தோ-ரத்து துண்டு நெலத்து மேல ஒரு கண்ணு•••அவனுக்கு அதக் குடுத்துரலாமா சாமி”னு விவரம் தெரியாத வயசுல அய்யன் கேட்டது இன்னும் நினைவில் இருக்கிறது. நானும் உன் சின்னையனும்,சின்ன வயசுல இங்கதான் வெளயா-டுவோம்•••சொந்த நெலத்த வெச்சுட்டுப் போகட்டும்னு சொல்லி அதை அவருக்கு சும்மாவே எழுதிக்குடுத்த-தும்•••அய்யன் முகத்தில்தான் எத்தனை சந்தோசம்•••இதத்-தான் சகோதரப்பாசம்னு சொல்லுவாங்களோ•••

“”ஊகூம்••• தெரியலீங்க•••”என்று பதில் கூறியதும், சின்னையன் முகத்தைத் தொங்கப்போட்டவாறே,கெணத்துப்-பக்கம் போய்விட்டார்.

என்ன உலகம் இது•••ச்சீய்•••மேட்டாங்காடு போகும் பஸ்ஸின் ஆரன் சத்தம் வேலப்பனை உசுப்பிவிட்டது.

வாரம் ஒருமுறை இதே பஸ்ஸக்கு,அய்யன் மேட்டாங்காடு போகும்போது கையில் மஞ்சக் காகிதப் பை சகிதமாகக் காலைக் கருக்கலிலேயே புறப்பட்டுவிடுவார். போனால்,பொழுதுபோயி 8 மணி பஸ்ஸுக்குத்தான் திரும்புவார்.

ஊருல, சனங்க வந்து ஏதாவது உதவி வேணும்னு கேட்டா,அத முடிச்சுட்டுத்தான் வருவார்.எல்லா ஆபீசுகளும் அவருக்கு அத்துப்படி...வரும்போது கை நெறைய பலகாரம்,பழம்னு ஏதாச்சும் வாங்கிட்டு வந்து,நாங்க இரண்டு பேரும் ஆசையாத் திங்கிறதப்பாத்துச் சந்தோசப்படுவார்...மிச்சம் மீதி இருந்தா அம்மாளுக்கும் குடுத்திட்டு மீதி இருந்தா வைக்கச்சொல்லிடுவார். தான் சாப்பிடமாட்டார்...

உழச்சு ஓடாப்போன ஒடம்பு.தினமும் ரேடியோவில செய்தி கேட்பது தவறாது.அவருக்குத் தெரியாதது ஒண்ணுமில்லே...வேலப்பனின் கண்கள் பனித்தன.

அய்யன் பாகம் பிரித்து தோட்டம் போட்டபோது,உழவுமாடுகூட கிடையாது.வாடகைக்கு மாடு வாங்கி ஓட்டியிருக்கிறார்.களர் மண்ணாய் கிடந்த அந்தக்காடு, காய் கசம்பு போடற அளவுக்கு நறுவிசு பண்ணியது அய்யனும் அம்மாளும் தான்... அம்மாளுக்கு அய்யன விட்டா வேற ஒலகம் தெரியாது...அவர விட அறிவு கம்மின்னு அவளுக்குள் ஒரு நினைப்பு இருந்ததும் ஒரு காரணம்.

அம்மாளுக்கு ஒரு தடவை ஒடம்பு முடியாமப் போனபோது, அய்யன் பட்டபாடு சொல்லிமுடியாது.

மனுசன் நடுராத்திரியில மாட்டுவண்டியப் பூட்டிகிட்டு,பக்கத்தூரு வைத்தியர்கிட்டேப் போய்க்காட்டி, மருந்து தந்து அம்மா உக்காந்ததும் தான், அய்யனுக்குப் போன உயிர் திரும்பி வந்தமாதிரி இருந்தது.

“”இனிமே... நீ காடு,கரையின்னு அலைய வேண்டா...பேசாம சோத்த ஆக்கி வச்சுட்டு சாளையோட இரு” -அய்யனின் இந்த உத்தரவு நெடுநாள் நீடிக்கவில்லை.

ஒருநாள்...

'''செரி...செரி...நீயும் சாளையில தனியா இருந்து என்ன பண்ணப் போறே பேசாமக் காட்டுக்கு வந்து வேப்பமர நெழல்ல வந்து உக்காந்துக்கோ...''

அம்மாளின் முகத்தில் தோன்றிய அந்தப் ''பளீர்' ஒளி வேலப்பனின் மனக்கண்களின் முன் திரைப்படமாய் ஓடி-யது...

அப்படி ஓர் அன்யோன்யம்...அதே அன்யோன்யத்தை அக்கா மச்சானிடமும் பார்க்கமுடிகிறது-இப்போது...

வேலப்பன் இழுத்து ஒரு பெருமூச்சுவிட்டான்.

அப்படியே மெதுவாய் நடந்து சாளைக்கு வந்து சேர்ந்-தாயிற்று.அநேகமாய் கூட்டம் பூராவும் கலைந்திருந்-தது...சமையலறையில் தெக்கோட்டு மூலையில் அம்மா கருகலாய், உக்காந்திருப்பது தொந்தது.

பூவும் பொட்டுமாய்,எப்படி இருந்த அம்மா...இன்-னிக்கு...

அய்யனின் முகம் மறக்க முடியாதபடி ...மீண்டும் மீண்-டும்...

'''மாமா...இந்தாங்க காபி...'' அக்கா பொண்ணு மணி-யாள் — காபியை நீட்டியவாறு. இரு கைகளாலும் அதை வாங்கிக்கொண்டு...அப்படியே சேரில் சாய்ந்தேன்...

'''குடி ...சாமி..-''அம்மா அருகில் வந்து நிற்பது தெரிந்-தது.

'''வெள்ளிக்கிழமைகூட உங்கய்யன் மேட்டாங்காடு போய்ட்டு வந்திருக்குது...என்ன ஏதுன்னு விசாரிச்சயா...?''

அய்யன் மேட்டாங்காடு போகும் அந்த ஒரு நாள்தான் அவருக்கு அந்த வாரம் பூராவும் புத்துணர்ச்சியைத்தரும் என்றுதான் தெரியுமே ஒழிய, என்ன எதுக்குன்னு அவங்க யாரும் கேட்டதும் கெடயாது அவரும் சொல்லியது இல்லை...ஏதோ ஒரு உடன்பாடு போல...

'''தெரியலீங்கம்மா...''-கண்ணைக் கட்டிக் காட்டில விட்ட மாதி இருந்தது அவனுக்கு.

இனிமேல்...

நினைத்துப் பார்க்கும் போதே...எல்லாம் தலை சுற்றுவது போலிருந்தது...

கெணத்துல தண்ணி இருந்தாலும் பரவாயில்ல...மழை பொய்ச்சுப் போச்சு...இருக்கிற கொஞ்ச நஞ்ச தண்ணியும் கீகாத்துக்குப் போயிரும் போலிருக்கு...

என்ன செய்றது?

காய் கசம்புக்கே கொஞ்சம் கஷ்டம் தான்...எதிர்காலம் கண்ணுக்குத் தொயாத தூரத்துக்குப் போய் விட்டது போல் தெரிந்தது.

சாலையின் முன்னே கூடு கட்டிய டெம்போ வண்டியில்,நிறைய ஆட்கள் வந்து இறங்குவது தெரிந்தது.கூடவே...ஆபீசர் போன்ற தோரணையில் ஒருவரும்,கதர் வேட்டிக்காரர் ஒருவரும்...

யார் என்று நெகாசு தெரியவில்லை...

“”அய்யன் வீடு இதுதானே?” -அதிகாரி போலிருந்தவர் கேட்டார்...

“”ஆமாம். வாங்க...”

“”நான் மேட்டாங்காடு போஸ்ட் மாஸ்டர்.இவரு அங்கே சிமண்ட் கடை வச்சிருக்கார்...-பேரு ராமசுப்ரமணியம்.அவங்கல்லாம் கலாசுக்காரங்க...”

ஆச்சரியமாய் இருந்தது....இவுங்களுக்கெல்லாம் அய்யனை எப்படி...

நினைப்பதற்குள், ராமசுப்ரமணியம் பேசத் தொடங்கினார்.

“”அய்யன் வாரம் ஒரு முறை நம்ம கடைக்கு வருவாரு... சிமென்ட் லோடு வந்ததும்,மூட்டை இறக்குவார். ரெண்டு மூணு லோடு எறக்கி முடிக்கறதுக்குள்ளெ மணி 3 ஆயிடும்... சாப்பிடக்கூட மாட்டார்...”

வேலப்பனுக்குத் தூக்கிவாரிப் போட்டது...

“”விவசாயம் செரியில்லே...பையனைப் படிக்கவைக்கணும்னு ஒரு முறை சொன்னார்...வேலையும் கேட்டார்..கொடுத்துட்டேன். ஆனா வேலையிலே ரொம்ப

கறார்•••”

அவர் இப்படிச் சொன்னதும் என்னால நம்பவே முடியல்லே- “”சிமென்ட் கடையிலேர்ந்து நேரா போஸ்ட் ஆபீசுக்கு வருவார்.அவர் சம்பாதிச்ச பணத்தையெல்லாம் பி.எல்.ஐ -ல போட்டிருந்தார். 10 லட்ச ரூபாய்க்குப் பாலிசி எடுத்திருக்கார். நீங்க தான் நாமினி•••நேத்துத்தான் எனக்கு சேதி கெடச்சது•••நல்ல மனுசன் ,பாவம் . நாம குடுத்து வச்சது அவ்வளவுதான்•••பாவம்”-போஸ்ட்மாஸ்டர் தொடர்ந்து கூற•••

கண்கள் இருட்டிக்கொண்டு வர••• யாரோ என்னைத் தாங்குவது தெரிந்தது•••

அய்யனோ••••.

நிமிர்ந்து உக்காந்தபோது,சிமென்ட் தூள் அப்பிய ,அவரது சாயம் போன காவித்துண்டும்,தோளில் ஒட்டுப்போட்டவெள்ளைச் சட்டையும்,அவர் வழக்கம் போல் உக்காரும். கயிற்றுக்கட்டிலில் கம்பீரமாய் இருந்தன•••

பக்கத்திலே மழைக்காகிதம்-தான் நனைந்து மற்றவர்களைக் காக்கும் அதே மழைக் காகிதம்.

5. இருபது ரூபா நோட்டு

- வினோத்குமார் சேகர்

“ஆஹா, யாரு கண்ணுலயும் படாம நம்ம கண்ணுல படுதே, அதிர்ஷ்டம் இன்னக்கி நமக்கு தான் “

பஸ்ல ஏறன உடனே சீட் எங்க இருக்குனு தேடறதுக்குள்ள என் கண்ணுல அது பட்டுடுச்சு. யாரோட ஆதரவும் இல்லாம அனாதையா காந்தி இருபது ரூபா நோட்டுல கீழ கிடக்குறாரு. அப்டியே அங்கேயே சீட்டு போட்டாச்சு. எப்படி அத எடுக்கறதுனு ஆழ்ந்த யோசனை. அப்ப தான் நண்டு சிண்டு வேல செய்ய ஆரமிச்சது.

“ யாரும் நம்மள நோட் பண்றாங்களா? “

“ நம்மள எவன் நோட் பண்ண போறான். எல்லாம் மனபிராந்தி. பேசாம அமுக்கிடு

“ வேணாம், இருபது ரூபா இனாமா கிடைச்சா, இருநூ-றுக்கு வேல வச்சிடும் “

“ ஒரு பாக்கெட் சிகரட் வாங்குனா பாவம் பத்து பேருக்கு ஷேர் ஆயிடும். அவ்ளோ தான் “

“ சரி, யாரும் கவனிக்காத மாதிரி எப்புடி எடுக்கறது? எடுக்கும் போது எவனாவது பாத்தாலும் ரிஸ்க் தான “

“ இப்போதைக்கு அது மேல ஒரு செருப்ப கழட்டி விடு. எல்லா பயலும் தூங்கனதும் தூக்கிட வேண்டியதான் “

கடைசியா சிண்டு ஜெயிச்சிட்டாப்ல. என்ன ஒன்னு, எல்லா பயலும் டிக்கட் எடுத்ததும் தூங்கிடுவானுங்க. நம்ம மட்டும் கொஞ்சம் முழிச்சிகிட்டு வரனும். இருபது ரூபா இனாமா கிடைக்கும் போது எவ்ளோ நேரம் வேணா முழிக்-கலாம். ஆனா இப்ப மணி காலைல ரெண்டர. இந்நேரத்-துக்கு கண்ட்ரோல் பண்றது கொஞ்சம் கஷ்டம் தான். காந்-திக்காக இத கூட செய்யலைனா அப்றம் என்ன குடிமகன்? ஆழ்ந்த சிந்தனையில் அமர்ந்து இருந்த போது ஒரு குரல்

“ தம்பி டைம் என்ன ஆகுது?”

யப்பா! ஒரிஜினல் குடிமகன். கடை தான் பத்து மணிக்கே குளோஸ் ஆச்சே. இன்னுமா ஸ்மெல் வரும். இல்ல பிளாகா இருக்குமோ

“ ரெண்டர “

“ வண்டி எப்ப எடுப்பான்?”

“ இப்ப தான வந்தாங்க. டீ சாப்டு எடுத்துடுவாங்க “

“ இதுக்கப்பறம் வண்டி இருக்கா?”

ஏன்? இன்னும் ஒரு ரவுண்டு போட்டு வருவனோ, “ காலைல அஞ்சு மணிக்கு திருப்பதி வண்டி தான்”

நா இன்னும் ப்ளாக் குடிமகன் ஆகல. அதுக்கு இன்னும் நாள் ஆகும். நா ஏன் இந்த வண்டில வரேன்னா, எனக்கு இந்த ரெண்டர வண்டில ஏறினா தான் காலையில ஆறர

மணிக்கு வேலூர் போயி சேர முடியும். முன்னாடி பஸ்ல போனா காலையில மூணு மணிக்கே போயி நண்பன்(போலீஸ்)கிட்ட மாட்டனும். (அதிகாரம் இல்லா காவலர்கள்னு யாருங்க சொன்னது. வந்து பாருங்க, தெரியும்) திருப்பதி வண்டில வந்தா காலேஜ்க்கு லேட் ஆயிடும்.

“ மூங்கில் துறை பட்டு எத்தன மணிக்கு வரும்? “ இப்போ பாக்கும் சேந்தாச்சு. பாக்கும் பானமும் சேந்த மணம், ஆஹா! அருமை, அவரை பேச விட்டு கேட்டு கொண்டே இருக்கலாம். ஆனா இருபது ரூபா இவன் குடுப்பானா?

“ காலைல நாலு மணிக்கு “

“ தூங்கிட்டா கொஞ்சம் எழுப்பி விடுறீங்களா? , சிதம்பரத்துல இருந்து வரேன். அசதியா இருக்கு”

“ நா வேலூர் போறேன். இங்க படுத்தா திருவண்ணாமலை தான் “

“ அப்டியா? வேலூர்ல எங்க? நானும் வேலூர் தான். 96 ல இருந்து 99 வரைக்கும் அங்க தான் இருந்தேன். பெய்ண்டிங், ப்ளம்பிங், எலக்ட்ரிசியனு எல்லா வேலையும் அத்துபுடி”

“ சரிங்க, காலைல காலேஜ்க்கு போகணும். நா தூங்க போறேன். “

“ ஓ காலேஜ் படிக்கீரிங்களா? விஸ்வநாதன் தெரியுமா? சண்முகம் தெரியுமா? எல்லாம் நம்ம கட்சிகாரங்க தான். அவுங்க வீடு தெரியும்ல. நாளைக்கே நேரா அவங்க வீட்டுக்கு போயி என் பேர சொல்லி பாரு. அப்ப தெரியும் நம்பல பத்தி “

நா ஏன்டா பன்னண்டு மணிக்கு சுடுகாட்டுக்கு போகணும். கன்ன தொறந்தா தான. பாக்கலாம். கண்ணு தான் தொரக்கலையே தவிர, தூங்கவும் இல்ல, அந்த வாசனையும் மிஸ் பன்னல. எல்லாரையும் திட்டிகிட்டே இருந்தான். இப்ப படிக்கறவங்க எல்லாம் பெத்தவங்கள ஏமாத்தராங்கலாம்.

அவன மாதிரி அடி மட்டத்துல இருந்து எல்லா வேலையும் தெரிஞ்சிகிட்டு வரலையாம். குடிச்சா உண்மை தான் வரும் போல.நமக்கு எல்லா வேலையும் அத்துபடிங்கிறத மட்டும் மூச்சுக்கு முந்நூறு தடவ சொல்லிட்டான்.

“ சார், டிக்கட் ப்ளீஸ் “

“ திருவண்ணாமலை ஒன்னு “

“ சார், பின்னாடி ஒன்னு அவுட்டு “

என்னது! அவுட்டா? பேசிக்கிட்டே போயிட்டானா?னு கண்ண தொறந்தா கண்டக்டர சேத்து நாலு காக்கி நிக்குது. தூக்க கலக்கத்துல கண்டக்டர் யாரு செக்கர் யாருன்னு கண்டுபுடிக்கவே அஞ்சு நிமிஷம் ஆயிடுச்சு.

“ சார், சாரி சார், தூங்கிட்டேன் போல, இப்ப எடுத்துட-றேன் சார்”

“ எங்க ஏறுநீங்க? “

“ கள்ளகுறிச்சி ”

“ சார், பஸ் மூங்கில்துறைபட்டு வர போகுது, அஞ்சு ஸ்டேஜ் குளோஸ் பண்ணியாச்சு. இப்ப வந்து தூங்கிட்-டேன்னு சொல்றீங்க? “

“ ஏம்பா! தூக்கம் வந்தா பஸ் ஸ்டாண்ட்ல படுத்து தூங்க வேண்டி தான? எதையாவது குடிச்சிட்டு வந்து படுத்துகிட்டு எங்க உயிர எடுக்க வேண்டியது. அங்க இருந்து அவ்ளோ கத்து கத்தறேன் யாரு சீட்டு வாங்கனும்னு” கண்டெக்டர் கொஞ்சம் எண்ணெய் ஊற்றினார்.

“ சார், தேவையில்லாம பேசாதீங்க. எவ்ளோ பைன்னோ நா கட்டிறேன்.” குடிக்காமலே குடிகாரன்னு பேரு எடுத்தா எவ்ளோ வலி இருக்கும். அவ்ளோ பேருக்கு நடுவுல நமக்-குன்னு சுயகௌரவம் இருக்குல்ல.

“ ஐநூறு பைன். இந்தா இதுல கையெழுத்து போடு. வித் அவுட், வீம்புக்கு ஒன்னும் கொறச்சல் இல்ல “

கண்ணீரோட பர்ஸ்ல இருந்து அஞ்சு நூறு ரூபா நோட்ட எடுத்தேன். கொஞ்சம் அவசரபட்டுட்டமோ, பேசி பாத்ருக்-

கலாம். அத எடுக்கும் போதே இருபது, பஸ் டிக்கட்லாம் போக எவ்ளோ நஷ்டம், அத எப்படி பட்ஜெட்ல சரி கட்ட்-லாம்னு ஒரு ரிவியூ ஓடிடுச்சு. எல்லா சம்பிரதாயம் எல்லாம் முடிஞ்சுது. இனி எவனுக்கு பயம். குனிஞ்சு இருபது ரூபா நோட்ட எடுத்துட்டு பாத்தா.

" தூங்கும் போது விழுந்துடுச்சு. என்னதுங்க "ன்னான் குடிமகன்.

அவனோடது இல்லன்னு அவனுக்கும் தெரியும், எனக்-கும் தெரியும். சொன்னா எவன் நம்புவான். ஏற்கனவே குடி-காரன், வித் அவுட்டு. இதுல இவன் வேற. வாங்கிட்டு போயிட்டான். நஷ்டத்துல இருபது ரூபாவ பிளஸ் பண்ணிட வேண்டியது தான். புல் டென்சன். யாரு மேல கோபப்படுறது. அப்டியே கம்முனு உக்காந்து கண்ண மூடிகிட்டேன். கண்ண மூடுனா தாரை தாரையா ஊத்துது. ஒரு வழியா பஸ் ஸ்டாண்ட் வந்துடுச்சு. நா முன்னாடியே டர்னிங்ல இறங்கிட்-டேன். மணி விடியற்காலை நாலரை.

ஒரு சிகரட்ட வாங்கி பத்த வச்சி, நீண்ட இழுப்பு ரெண்டு தான். கடைகாரன்கிட்ட போனேன்." அரை பாக்கெட் பில்-டர். இங்க பிளாக்ல எங்க கிடைக்கும்? " னு சொல்லி கைய தூக்கி ஒரு முழம் காமிச்சேன்.

" சப்ப மேட்டர் சார், ரம் ஓகே வா, பின்னாடி பக்கமா வா சார், நம்ம கிட்ட எல்லாத்துக்கும் ஆளு இருக்கு" ன்னான்.

என் காதுல 'எல்லாம் வேலையும் நமக்கு அத்துபுடி'யும் 'நம்ம கிட்ட எல்லாத்துக்கும் ஆளு இருக்கு' ஒரே மாதிரி தான் கேட்குது

இருபது ரூபா நோட்டு

"ஆஹா, யாரு கண்ணுலயும் படாம நம்ம கண்ணுல படுதே, அதிர்ஷ்டம் இன்னக்கி நமக்கு தான் "

பஸ்ல ஏறன உடனே சீட் எங்க இருக்குனு தேடறதுக்-குள்ள என் கண்ணுல அது பட்டுடுச்சு. யாரோட ஆதரவும்

இல்லாம அனாதையா காந்தி இருபது ரூபா நோட்டுல கீழ கிடக்குறாரு. அப்டியே அங்கேயே சீட்டு போட்டாச்சு. எப்படி அத எடுக்கறதுனு ஆழ்ந்த யோசனை. அப்ப தான் நண்டு சிண்டு வேல செய்ய ஆரமிச்சது.

“ யாரும் நம்மள நோட் பண்றாங்களா? “

“ நம்மள எவன் நோட் பண்ண போறான். எல்லாம் மனபிராந்தி. பேசாம அமுக்கிடு

“ வேணாம், இருபது ரூபா இனாமா கிடைச்சா, இருநூ-றுக்கு வேல வச்சிடும் “

“ ஒரு பாக்கெட் சிகரட் வாங்குனா பாவம் பத்து பேருக்கு ஷேர் ஆயிடும். அவ்ளோ தான் “

“ சரி, யாரும் கவனிக்காத மாதிரி எப்புடி எடுக்கறது? எடுக்கும் போது எவனாவது பாத்தாலும் ரிஸ்க் தான “

“ இப்போதைக்கு அது மேல ஒரு செருப்ப கழட்டி விடு. எல்லா பயலும் தூங்கனதும் தூக்கிட வேண்டியதான் “

கடைசியா சிண்டு ஜெயிச்சிட்டாப்ல. என்ன ஒன்னு, எல்லா பயலும் டிக்கட் எடுத்ததும் தூங்கிடுவானுங்க. நம்ம மட்டும் கொஞ்சம் முழிச்சிகிட்டு வரனும். இருபது ரூபா இனாமா கிடைக்கும் போது எவ்ளோ நேரம் வேணா முழிக்-கலாம். ஆனா இப்ப மணி காலைல ரெண்டர. இந்நேரத்-துக்கு கண்ட்ரோல் பண்றது கொஞ்சம் கஷ்டம் தான். காந்-திக்காக இத கூட செய்யலைனா அப்றம் என்ன குடிமகன்? ஆழ்ந்த சிந்தனையில் அமர்ந்து இருந்த போது ஒரு குரல்

“ தம்பி டைம் என்ன ஆகுது?”

யப்பா! ஒரிஜினல் குடிமகன். கடை தான் பத்து மணிக்கே குளோஸ் ஆச்சே. இன்னுமா ஸ்மெல் வரும். இல்ல பிளாகா இருக்குமோ

“ ரெண்டர “

“ வண்டி எப்ப எடுப்பான்?”

“ இப்ப தான வந்தாங்க. டீ சாப்டு எடுத்துடுவாங்க “

“ இதுக்கப்பறம் வண்டி இருக்கா?”

ஏன்? இன்னும் ஒரு ரவுண்டு போட்டு வருவனோ, “ காலைல அஞ்சு மணிக்கு திருப்பதி வண்டி தான்”

நா இன்னும் ப்ளாக் குடிமகன் ஆகல. அதுக்கு இன்னும் நாள் ஆகும். நா ஏன் இந்த வண்டில வரேன்னா, எனக்கு இந்த ரெண்டர வண்டில ஏறினா தான் காலையில ஆறர மணிக்கு வேலூர் போயி சேர முடியும். முன்னாடி பஸ்ல போனா காலையில மூணு மணிக்கே போயி நண்பன்(போலீஸ்)கிட்ட மாட்டனும். (அதிகாரம் இல்லா காவலர்கள்னு யாருங்க சொன்னது. வந்து பாருங்க, தெரியும்) திருப்பதி வண்டில வந்தா காலேஜ்க்கு லேட் ஆயிடும்.

“ மூங்கில் துறை பட்டு எத்தன மணிக்கு வரும்? “ இப்போ பாக்கும் சேந்தாச்சு. பாக்கும் பானமும் சேந்த மணம், ஆஹா! அருமை, அவரை பேச விட்டு கேட்டு கொண்டே இருக்கலாம். ஆனா இருபது ரூபா இவன் குடுப்பானா?

“ காலைல நாலு மணிக்கு “

“ தூங்கிட்டா கொஞ்சம் எழுப்பி விடுறீங்களா? , சிதம்பரத்துல இருந்து வரேன். அசதியா இருக்கு”

“ நா வேலூர் போறேன். இங்க படுத்தா திருவண்ணாமலை தான் “

“ அப்டியா? வேலூர்ல எங்க? நானும் வேலூர் தான். 96 ல இருந்து 99 வரைக்கும் அங்க தான் இருந்தேன். பெய்ண்டிங், ப்ளம்பிங், எலக்ட்ரிசியனு எல்லா வேலையும் அத்துபுடி”

“ சரிங்க, காலைல காலேஜ்க்கு போகணும். நா தூங்க போறேன். “

“ ஓ காலேஜ் படிக்கீரிங்களா? விஸ்வநாதன் தெரியுமா? சண்முகம் தெரியுமா? எல்லாம் நம்ம கட்சிகாரங்க தான். அவுங்க வீடு தெரியும்ல. நாளைக்கே நேரா அவங்க வீட்டுக்கு போயி என் பேர சொல்லி பாரு. அப்ப தெரியும் நம்பல பத்தி “

நா ஏன்டா பன்னண்டு மணிக்கு சுடுகாட்டுக்கு போகணும். கன்ன தொறந்தா தான. பாக்கலாம். கண்ணு தான் தொரக்கலையே தவிர, தூங்கவும் இல்ல, அந்த வாசனையும் மிஸ் பன்னல. எல்லாரையும் திட்டிகிட்டே இருந்தான். இப்ப படிக்கறவங்க எல்லாம் பெத்தவங்கள ஏமாத்தராங்கலாம். அவன மாதிரி அடி மட்டத்துல இருந்து எல்லா வேலையும் தெரிஞ்சிகிட்டு வரலையாம். குடிச்சா உண்மை தான் வரும் போல.நமக்கு எல்லா வேலையும் அத்துபடிங்கிறத மட்டும் மூச்சுக்கு முந்நூறு தடவ சொல்லிட்டான்.

" சார், டிக்கட் ப்ளீஸ் "

" திருவண்ணாமலை ஒன்னு "

" சார், பின்னாடி ஒன்னு அவுட்டு "

என்னது! அவுட்டா? பேசிக்கிட்டே போயிட்டானா?னு கண்ண தொறந்தா கண்டக்டர சேத்து நாலு காக்கி நிக்குது. தூக்க கலக்கத்துல கண்டக்டர் யாரு செக்கர் யாருன்னு கண்டுபுடிக்கவே அஞ்சு நிமிஷம் ஆயிடுச்சு.

" சார், சாரி சார், தூங்கிட்டேன் போல, இப்ப எடுத்துடறேன் சார்"

" எங்க ஏறுநீங்க? "

" கள்ளகுறிச்சி "

" சார், பஸ் மூங்கில்துறைபட்டு வர போகுது, அஞ்சு ஸ்டேஜ் குளோஸ் பண்ணியாச்சு. இப்ப வந்து தூங்கிட்டேன்னு சொல்றீங்க? "

" ஏம்பா! தூக்கம் வந்தா பஸ் ஸ்டாண்ட்ல படுத்து தூங்க வேண்டி தான? எதையாவது குடிச்சிட்டு வந்து படுத்துகிட்டு எங்க உயிர எடுக்க வேண்டியது. அங்க இருந்து அவ்ளோ கத்து கத்தறேன் யாரு சீட்டு வாங்கனும்னு" கண்டெக்டர் கொஞ்சம் எண்ணெய் ஊற்றினார்.

" சார், தேவையில்லாம பேசாதீங்க. எவ்ளோ பைன்னோ நா கட்டிறேன்." குடிக்காமலே குடிகாரன்னு பேரு எடுத்தா எவ்ளோ வலி இருக்கும். அவ்ளோ பேருக்கு நடுவுல நமக்குன்னு சுயகௌரவம் இருக்குல்ல.

" ஐநூறு பைன். இந்தா இதுல கையெழுத்து போடு. வித் அவுட், வீம்புக்கு ஒன்னும் கொறச்சல் இல்ல "

கண்ணீரோட பர்ஸ்ல இருந்து அஞ்சு நூறு ரூபா நோட்ட எடுத்தேன். கொஞ்சம் அவசரபட்டுட்டமோ, பேசி பாத்ருக்-கலாம். அத எடுக்கும் போதே இருபது, பஸ் டிக்கட்லாம் போக எவ்ளோ நஷ்டம், அத எப்படி பட்ஜெட்ல சரி கட்ட்-லாம்னு ஒரு ரிவியூ ஓடிடுச்சு. எல்லா சம்பிரதாயம் எல்லாம் முடிஞ்சுது. இனி எவனுக்கு பயம். குனிஞ்சு இருபது ரூபா நோட்ட எடுத்துட்டு பாத்தா.

" தூங்கும் போது விழுந்துடுச்சு. என்னதுங்க "ன்னான் குடிமகன்.

அவனோடது இல்லன்னு அவனுக்கும் தெரியும், எனக்-கும் தெரியும். சொன்னா எவன் நம்புவான். ஏற்கனவே குடி-காரன், வித் அவுட்டு. இதுல இவன் வேற. வாங்கிட்டு போயிட்டான். நஷ்டத்துல இருபது ரூபாவ பிளஸ் பண்ணிட வேண்டியது தான். புல் டென்சன். யாரு மேல கோபப்படுறது. அப்டியே கம்முனு உக்காந்து கண்ண மூடிகிட்டேன். கண்ண மூடுனா தாரை தாரையா ஊத்துது. ஒரு வழியா பஸ் ஸ்டாண்ட் வந்துடுச்சு. நா முன்னாடியே டர்னிங்ல இறங்கிட்-டேன். மணி விடியற்காலை நாலரை.

ஒரு சிகரட்ட வாங்கி பத்த வச்சி, நீண்ட இழுப்பு ரெண்டு தான். கடைகாரன்கிட்ட போனேன்." அரை பாக்கெட் பில்-டர். இங்க பிளாக்ல எங்க கிடைக்கும்? " னு சொல்லி கைய தூக்கி ஒரு முழம் காமிச்சேன்.

" சப்ப மேட்டர் சார், ரம் ஓகே வா, பின்னாடி பக்கமா வா சார், நம்ம கிட்ட எல்லாத்துக்கும் ஆளு இருக்கு" ன்னான்.

என் காதுல 'எல்லாம் வேலையும் நமக்கு அத்துபுடி'யும் 'நம்ம கிட்ட எல்லாத்துக்கும் ஆளு இருக்கு' ஒரே மாதிரி தான் கேட்குது

6. பத்து ரூபாய் நோட்டு!

- ஆனந்த் ராகவ்

உயரதிகாரி பத்மநாபன், அறைக் கதவைச் சாத்தி-விட்டு, மேஜை மேல் கவிழ்ந்து சன்னமான குரலில் "முக்கி-யமான, ரகசியமான வேலை. யாருக்கும் தெரியக் கூடாது!" என்றார்.

நான் ஏதோ உளவு ஸ்தாபனத்தில் இருப்பதாக நினைக்-காதீர்கள். நான் வேலை பார்ப்பது, பெங்களூர் விவஸ்தை இல்லாமல் அனுமதித்துக்கொண்டு இருக்கும் அடுக்கு மாடிக் கட்டடங்கள் கட்டும் ரியல் எஸ்டேட் கம்-பெனி ஒன்றில். 30 மாடி, 40 மாடி என்று ஒருவர் தலை மேல் ஒருவராகக் குடியமர்த்தி, அந்தரத்தில் கான்-கிரீட் கனவை விற்கும் நிறு-வனம். அந்த நிறுவனத்தில் இருக்-கும் உறவின உயரதிகா-ரியின் 'நம்பிக்கையான நாண-யமான ஆள்' என்கிற சிபா-ரிசில் இந்த வேலை கிடைத்தது.

'என்னைப் போன்ற விசுவாசமான, நம்பிக்கையான ஊழி-யர்களை நம்பித்தான் முக்கியப் பொறுப்புகள் கொடுக்கப்ப-டுகின்றன' என்று கண்களில் பொய்யுடன் சொல்லும்போதே, என்னவோ அத்துவான காரியம் செய்யத்தான் இருக்கும் என்று கணித்தேன்.

நிலம் வாங்க, அதிகாரிகளைக் கவனிக்க, அப்ரூவல் பெற என்று கிட்டத்தட்ட எல்லா காரியங்களுக்கும் கணக்-கில் வராத பணம் தேவைப்படுகிறது. இதன் டாலர் மூலம், துபாய், ஹாங்காங் போன்ற பணம் மரத்துப்-போன நாடுகள். அங்கே உள்ளூர் பணம் கொடுத்து இந்தி-யா-வில் ரூபாய் பட்டுவாடா செய்யும் ரிசர்வ் பேங்குக்கு இணையான ஹவாலா அமைப்பு இருப்பது, சாதுவாக ஆபீஸ் போய் திரும்பி வந்து டி.வி. பார்க்கும் நம் அநேகருக்குத் தெரியாது. இது நிற்க வேண்டு-மென்-றால், இந்தியப் பொருளாதாரம் வளர்ந்து ஒரு டாலருக்கு ஒரு ரூபாய் என்கிற நாணய மதிப்பு வர வேண்டும் அல்லது இந்தியர்கள் எல்லோரும் யோக்கியஸ்தர்களாக மாற வேண்டும். இரண்டுக்குமே இந்த

நூற்றாண்டில் வாய்ப்-பில்லை என்பதால் இந்த பணக் கடத்-தலை நம்பி எங்கள் செயல்பாடே இருக்கிறது. அன்றைக்கு நான் சேகரிக்க வேண்டியது ஒரு லட்சம் டாலருக்கு இணை-யான ரூபாய்கள். அந்தக் கணக்கை நான் மன கால்-கு-லேட்டரில் போட்டுக் கணிக்கும்போது ஒவ்வொரு பூஜ்யத்-துக்கும் இதயத் துடிப்பு ஸ்டீரியோவில் கேட்டது.

வேலைக்குப் புதுசு என்பதால் என் உயரதி-காரியும் என்-னைப் போலவே டென்ஷனாக இருந்தார். கடவுள் மோசஸ§க்குச் சொன்னது போல எனக்கு 10 கட்டளைகள் தந்தார். “தனியாப் போகாதே. டை போட்டுக்கிட்டு ஆபீஸ் களை வேணாம். யாரு-கிட்ட-யும் அநாவசியமாப் பேசாதே. (சி.ஐ.டி. போலீஸ் மப்டியில் உலவுவார்கள்.) ஆட்டோ வேண்டாம். விசிட்டிங் கார்டு எல்லாத்தையும் வெச்சுட்டுப் போ (அகப்பட்டா நீதான். கம்பெனி இல்லை.) மெட்ராஸ்-காரங்கன்னு தெரிய வேணாம். (காவிரியில் தண்ணி விடாத நேரம்.) எண்ணிப் பாத்து வாங்கு. ஒன்பது மணிக்கு மேலே அங்கே உலவாதே- (வழிப்பறி திருட்டு.) பணத்தை வாங்கிக்கிட்டு மூத்திரம் வந்தாக்கூட அடக்-கிக்கிட்டு முதல் வேலையா ஆபீஸ§க்கு வா!” எல்லாம் சொல்லி பீதி ஏற்றி அனுப்பிவைத்தார்.

இந்தப் பணமாற்றத்துக்கு ஐ.எஸ்.ஓ. அங்கீகாரம் பெற்ற நேர்த்தியான வியாபார முறை இருக்கிறது. என்னி-ட-மிருக்-கும் ஒரு 10 ரூபாய் நோட்டின் எண்ணை எங்கள் துபாய் கிளை, அவர்கள் தரப்பு ஆளிடம் சொல்லும். அதுதான் சங்கேத எண். துபாய் பார்ட்டி, பலான ஆள், பலான பத்து ரூபாய் நோட்டுடன் வந்தால், பணம் பட்டு-வாடா செய்யச் சொல்லி அவரின் இந்திய சகாவுக்குத் தகவல் அனுப்புவார். நான் பெங்களூரில் அந்தக் குறிப்-பிட்ட ரூபாய் நோட்டை அவர் சகா விடம் காட்டினால், டாலருக்கு இணையான ரூபாய்கள் கொடுக்-கப்படும். ஏடிஎம் மிஷினில் காசு எடுப்-பதைவிட எளிதாகப் பணம் கடத்த ஏற்பாடு செய்-யப்பட்ட அமைப்பு.

கதிரேசன் என்பவர் பெயர், அடையாளம், அலைபேசி எண் கொடுக்கப்பட்டு, நானும் என் துணைக்கு வந்த ரங்க-னும், மாட்டினால் எத்தனை வருஷம் ஜெயில் என்று யோசித்தபடி படபடப்பாக காரில் ஏறினோம். தெருவோரம் சிறுநீர் கழிப்பது, ரோட்டில் குப்பை போடுவது, நாடார் கடையில் பபிள்கம் திருடுவது என்று எந்த சில்லறைக் குற்-றங்களும் செய்து பழகி இராத என் 32 வயது அனுபவத்-தில், முதல் முதலாக அலுவலகக் காரியம் தொடர்பாக ஒரு தேசத் துரோகம் செய்யப்போவது குறித்துப் பயமாக இருந்-தது.

சம்பவம் நடக்கப்போகும் 'சிக்பேட்' போக ஏழே கால் ஆகிவிட்டது. 'ரொம்ப லேட். கவுன்ட்டர் மூடியாச்சு' என்று சொல்லிவிடுவாரோ என்று பயம். போன் போட்டோம். கதி-ரவன் சாவகாசமாக, "எட்டரை மணியில்ல சொன்னோம்" என்றார்.

சிக்பேட்டின் சிறிய சந்துகளில் எங்கள் கார் அதிகம் கவனம் ஈர்த்தது. பாதி தூரம் போனதும் கார்ப்பரேஷன் குதறிவைத்திருந்த சாலையில் அந்தச் சிறிய காரே ஒரு பெரிய போக்குவரத்து நெரிசலை உண்டாக்கி, சிக்-பேட்-வாசிகளின் கோபத்தைத் தூண்டியது. எங்கிருந்தோ வந்த ஒரு போலீஸ்காரர் கண்ணாடியைத் தட்டி இறக்கி, ஓட்டுந-ரிடம் பேசத் துவங்கி பின் ஸீட்டில் உட்கார்ந்-திருந்த எங்-களை விரோதமாகப் பார்த்தார். கன்னடத் தில் கோபித்-தார். "லைசன்ஸ் எடு" என்றார். டிரைவர் முழித்-தான். "என்ன, ஆபீஸ் வண்டியா? எந்த ஆபீஸ்?" என்று அடுத்த கேள்வி கேட்டார். சடசடவென்று பத்து கட்ட-ளைகளில் பாதி கவிழ்ந்தன. "சார்! மெயின் ரோடு பக்கம் காரோட நிக்கறேன். செல்போன்ல கூப்புடுங்க, வர்றேன்" என்று டிரைவர் இடது பக்கம் திரும்பி விலகி—விட, அந்தப் பிர-தேசத்தில் விண்வெளிக் கலத்தில் இருந்து இறங்கினவர்கள் மாதிரி நின்றோம். ரங்கன், "செட்டில் பண்ணி அனுப்புடா" என்று இடித்தான். பர்ஸை எடுத்து இருட்டில் நிரடி இரண்டு

மூன்று நோட்-டுக்களை உருவி அவர் கையில் திணித்து-விட்டு நழுவினோம்.

'சிக்பேட்' பற்றி தெரியாத சென்னைவாசிகளுக்கு சிக்கன அறிமுகம்-. சிந்தாதிரிப்பேட்டையின் நாற்றம், திருவல்லிக்-கேணியின் குப்பை, ரங்கநாதன் தெருவின் ஜன நெருக்கடி, அயனாவரத்தின் இருட்டு, பாரிஸ் கார்-னரின் சத்தம் அனைத்தும் ஒருங்கே அமையப்பெற்ற ஸ்தலம். சோம்பேறி பெங்களூர் சுறுசுறுப்பாக இருக்கும் ஒரே இடம். பொட்டி பொட்டியான கடைகளில் சகல வியாபாரங்களும் நடக்கும். தர்மராஜர் கோயில் பின்புறம் அவருக்குத் தெரியாமல் ஹவாலா. ரோட்டோர-மாக தோசையும், காரச் சட்னியும், ஒன் பை டு காபியும் பரிமாறும் கையடக்க உணவகம், மாராப்புச் சேலை விலக்கி வெற்றிலை மென்றபடி கதவோரம் சாய்ந்த சக்குவும் சுசீலாக்களுமாய்.— .. சிக்பேட்.

ஒரே இடத்தில் நின்றால், யார் கண்ணிலாவது படுவோம் என்று சுற்றிச் சுற்றி வந்ததில் பசித்தது. நீர் தோசை, இருட்டு மூலை பொட்டிக் கடையில் வாழைப்பழம், மிரிண்டா, தள்ளுவண்டி ஸ்ட்ராபெரி என்று போரடிக்கும்-போதெல்லாம் சாப்பிட்டு முடித்தவுடன் கதிரவன் செல்லில் வந்து "பன்னி (வாங்க) சார்" என்றார்

கதிரவன் சொன்ன அட்ரஸைக் கண்டு-பிடித்து, வளை-வான மாடி ஏறி ஏறி தலை சுற்றி நின்ற இடத்-தில் க்ளோப் கன்சல்டன்ஸி என்கிற பலகை தாண்டி உள்ளே நுழைந்-தால், நான்கைந்து பேர் கணிப்பொறி சகிதம் உட்கார்ந்தி-ருந்தார்கள். அயோக்கியத்தனம் செய்-யு-ம் குற்றவுணர்ச்சி-யின் சுவடு துளி இல்லாத பளிச். ஒவ்வொரு தேசத்துக்கும் ஒரு கடிகாரம், அந்தந்த ஊர் நேரம் காட்டியபடி இருந்தன. அவர்களைத் தாண்டிய மூலை அறையில் உட்கார்ந்திருந்த வெள்ளை குர்தா பைஜாமா, குல்லாய் அணிந்து, மீசையை மழித்து, வெள்ளை தாடி சகிதமாய் முல்லா மாதிரி இருந்த-வர் சலாம் வைத்தார்.

நான் ரங்கனிடம் “என்னடா கதிரவன்னாங்க. இவர் பாய்.”

“தம்பி... நான் காதர். பேர் முக்கியமில்லை. நோட்-டுதான்” என்று கை நீட்டினார்.

நான் பர்ஸை எடுத்து அந்த 10 ரூபாய் நோட்டைத் தேடித் தேடி... இறுதியில் “ஐயோ” என்று அலறினேன். “அந்த நோட்டு காணம்டா”. ரங்கன் வாங்கிப் பார்த்து இண்டு இடுக்கிலெல்லாம் விரல்விட்டு பர்ஸையே கிழித்துத் தேடி என்னைவிட அதிகமாக அலறினான். “இந்த மாதிரி எமெர்ஜென்ஸிக்கு ஏதாவது ஸ்டாண்ட் பை பாஸ்வேர்ட் இருக்கும்” என்றான் ரங்கன்.

“நோட்டு காட்டினாத்தான் பணம் குடுக்கறது. பர்ஸ§ல-தான வெச்சிருந்தீங்க? இங்க எதுனா செலவு பண்ணீங்-களா?”

ரங்கன் “அடேய்... தோசை, ஸ்ட்ராபெர்ரி, வாழைப்-பழம், மிரிண்டா” என்று டென்ஷனாகத் தந்தியடித்தான். “பாய். அரை மணி டைம் குடுங்க” என்று சிக்பேட் சந்து-கள் எங்களை ஆயுசுக்கும் நினைவு வைத்திருக்-கும்-படி தடதடவென்று ஓடினோம். எட்டரை மணி இருட்-டில் கொஞ்சம் கொஞ்சமாக கடைகளை மூடிக்கொண்டு இருந்-தார்கள். முதலில் அகப்பட்டது ஸ்ட்ராபெர்ரி தள்ளுவண்டிக்-காரன்.

“ஹலோ... எங்களை ஞாபகம் இருக்கா? ஒரு மணி முன்-னாடி பழம் வாங்கினோம். நாங்க குடுத்த பணத்துல இந்த நம்பர் இருக்கிற 10 ரூபாய் நோட்டு இருந்ததா பாருங்க.”

“என்ன ஹவாலா சமாசாரமா?” என்றான் பளிச்-சென்று. மாறுவேடத்து சிஐடி போலீஸாக இருப்-பானோ?

“இல்லப்பா. டோனி கையெழுத்துப் போட்டு தந்தது. தேடிப் பாரு ப்ளீஸ்”

சிகரெட் லைட்டர் வெளிச்சத்தில் அந்த ஆளே டப்பா-வில் கையைவிட்டுத் தேடி, “இல்லை சார். போங்க” என்-

றான்.

தோசை கடையில் அவனும் "ஹவாலாவா? அந்த நோட்டையா தொலைச்சீங்க?" என்றான் லேசாகச் சிரித்த-படி.

யார் எல்லா ரூபாய் நோட்டுகளிலும் காந்தித் தாத்தா-வையே அடித்தது? நேரு, பட்டேல், அமிதாப், ரஜினி என்று விதவித-மாக இருந்தால், தேட வசதியாக இருந்——திருக்-கும். பத்மநாபன் சார் சும்மா சும்மா செல்போனில் கூப்-பிட்டார். அவரிடம் உண்மை சொல்லப் பயந்து போனை அணைத்தோம்.

அடுத்து வாழைப்பழ, மிரிண்டா பொட்-டிக்கடையில் போய் மன்றாடினோம். "ஏன் சார் எங்கிட்ட வந்த கஸ்டம-ருங்க யாருக்கா-வது உங்க நோட்டை நான் குடுத்துருந்தா, சிக்பேட்ல எல்லார் பர்ஸையும் உருவித் தேடுவீங்களா?" என்று நியாயமான கேள்வி ஒன்று கேட்டார். "சிக்பேட் என்ன? பெங்களூர் முழுக்க எல்லார் பர்ஸையும் தேட நான் தயாராக இருந்தேன்.

"ஒரு பத்து ரூபாய்க்கு என்ன சார் இவ்ளோ டென்ஷன் பண்றீங்க? என்ன ஹவாலா நோட்டா?" என்றார். அந்தப் பிரதேசத்-தில் 10 ரூபாய் நோட்டின் ஒரே உபயோகம் அது-வாகத்தான் இருக்க வேண்டும். "என் கேர்ள் ப்ரெண்ட் கையெழுத்து போட்டுக் குடுத்தது" என்று சொன்னதை அவர் சட்டை செய்யவில்லை.

அங்கேயும் கிடைக்காமல், எங்கள் எல்லா வழிகளும் அடைந்து போய், தலைமேல் கையை வைத்துக்கொண்டு உட்காரப் போகையில் ரங்கனுக்கு பல்பு எரிந்தது. "அடேய்! அந்த போலீஸ்காரனுக்கு குடுத்தது எந்த நோட்டு?"

சரண்டராகப் போன போலீஸ் ஸ்டேஷன் குறுக்கே வந்-தது போல அந்த போலீஸ்காரர் அந்தப் பக்கமாக நடந்து வந்தார். கொடுத்த லஞ்-சத்தை எப்படிக் கேட்பது என்று-யோசித் தபடி அவரை வழி மறித்து சலாம் போட்டேன். அவர் தன் வாழ்க்கை-யிலேயே அதற்கு முன் பார்த்திராத

ஒரு ஜந்துவைப் பார்ப்பது போல என்னை நோட்டம்விட்டார். “பன்னி ஹா ஓட்டலல்ல கூத்கொண்டு மாத்தாடானா” என்று கூட்டிப் போய் கிங்பிஷர் பியர், சிக்கன் 65, வறுத்த முந்திரிப்பருப்பு, மட்டன் பிரியாணி எல்லாம் (அவருக்கு மட்டும்) ஆர்டர் செய்துவிட்டு, “உங்களை இந்த ஏரியாவுல இதுக்கு முன்ன பாத்ததில்லையே. மெட்ராஸ் ஆளுங்களா?” என்றார் அழகான தமிழில். “சார், நீங்க தமிழா?” என்றோம் ஆர்வமாக.

“இங்க கான்ஸ்டபிள்லருந்து கம்பெனி முதலாளி வரைக்கும் பாதிப் பேர் தமிழனுங்கதான். அந்தக் கடுப்புல தான் காவிரில தண்ணி வுட மாட்டேன்றானுங்க.”

“நெத்தியடி டயலாக் சார். ஜூ.வி-க்கு எழுதிப் போட்டா, நூறு ரூபா கெடைக்கும் என்று சமயோசிதமாக நூறு ரூபாய் எடுத்து மேஜை மேல் வைத்தான் ரங்கன். அவர் இடது கையால் எடுத்து பாக்கெட்டில் போட்டுக்கொண்டு அந்தப் பிரதேசத்து கேள்வி கேட்டார். “ஹவாலா பணம் கலெக்ட் பண்ண வந்தீங்களா?” கேட்ட விதத்தில் போலீஸ்கார மிடுக்கும் சந்தேக உணர்வும் துளியும் இல்லாமல், ‘என்ன, சினிமா பாக்க வந்தியா?’ என்று தியேட்டரில் வைத்து விசாரிக்கும் பக்க-த்து வீட்டுக்காரரின் தொனி ஒலித்தது தெம்பாக இருந்தது.

“இல்ல சார். என் தாத்தா, அப்பாவுக்கு... என் அப்பா, எனக்-குன்னு முதல் பிறந்த நாளுக்கு வழி வழியாத் தர்ற குடும்ப 10 ரூபா நோட்டு சார்.” அவர் அதை நம்பாமல் பியர் எடுத்து வந்த வெயிட்டரிடம் “கெம்பண்ணான் கேளு இந்தக் கூத்தை” என்று உணவகத்தில் இருக்கிறவர்கள் பாதிப் பேருக்குக் கேட்கிற மாதிரி எங்கள் கதையைச் சொன்னார். நிதான-மாகச் சாப்பிட்டார். இறுதி-யில் சட்டைப் பையில் இருந்து இரண்டு 20 ரூபாய் நோட்டுக்களை எடுத்துக் காண்பித்து, “இதான் நீ குடுத்தது” என்றார்.

வெளியே வந்து நின்றதும் எனக்கு தலை சுற்றுகிறார்-போல இருந்தது. துபா-யில் பணம் கொடுத்தாகிவிட்டது.

இங்கே நோட்டு இல்லை என்றால், பணம் அம்பேலா? யாரிடம் கேட்பது? “ரங்கா எனக்கு கண்-ணெல்—லாம் இருட்டிண்டு வர்றது” என்றேன்.

“பவர்கட். விளக்குலாம் எரியலை. அதான்.”

“பத்மநாபன் மூஞ்சில எப்டி முழிக்கிறது? ரயில்வே ஸ்டேஷன் எங்கே இருக்கு?”

“ஊரைவிட்டு ஓடுற வேலை எல்லாம் வேண்டாம்.”

“தப்பி ஓடுறதுக்கு இல்லை, தண்ட-வாளத்—துல தலை வைக்கறதுக்கு. ஒரு விளம்பரம் மாதிரி குடுக்கலாமா ரங்கா? இந்தக் குறிப்பிட்ட எண்-ணுள்ள நோட்டைத் திரும்ப கொடுப்-பவர்-களுக்கு ஒரு லட்சம் இனாம். இல்லன்னா, நேரா போலீஸ் ஸ்டேஷன் போய்... ‘சார், இந்த கம்-பெனியில எங்களை ஹவாலா பண்ண அனுப்-பி-னாங்க. இந்தியப் பொருளாதாரத்துக்கு நஷ்டம் ஏற்படுத்தற நீசத்தனமான காரியத்துல ஈடுபட எங்க மனசாட்சி இடம்-கொடுக்-கல’ன்னு அப்ரூவர்ஆகிட-லாமா? நல்ல பேரும் கிடைக்கும். கம்பெனியும் நம்ம மேல கை வைக்க முடியாது.”

“டென்ஷன்ல இருக்க. கொஞ்ச நேரம் வாயை மூடிக்கிட்டு இரு. பாய் காலைப் புடிச்சுக் கெஞ்சலாம். இல்ல, துபாய் ஆபீஸ்க்கு போன் போட்டு, அவங்களை பணத்தைத் திரும்ப வாங்கிக்கச் சொல்லலாம்.”

புலம்பிக்கொண்டே வரும்போது பரிச்சயப்பட்ட டயோட்டா கார் ஒன்று வந்து எங்கள் முன்னால் நின்றது. சூட்டும் டையு-மாக பத்மநாபன் சார் காரி-லிருந்து கோபமாக இறங்கினார். நான் அவரைப் பேசவே விடாமல், சாலை என்றும் பார்க்காமல், சாஷ்-டாங்கமாகக் காலில் விழுந்தேன். “சார், மன்னிச்சிடுங்க சார்!”

என்னை எழுப்பி நிற்கவைத்து தூசி தட்டுகிற சாக்கில் நாலு அடி அடித்தார். சட்டைப் பையிலிருந்து ரூபாய் எடுத்து என் கையில் தந்தார்.

“இந்த டென்ஷன்லயும் நமஸ்காரம் பண்ணா, ஆசீர்வாதப் பணம் தர்றீங்களே... தேங்க்ஸ் சார்!”

“ஆசீர்வாதப் பணமில்லடா இது. மண்டையை மண்டையை ஆட்டிக் கேட்டுக்கிட்டு கடைசில என் டேபிள் மேலயே அந்த ரூபா நோட்டை வெச்சுட்டுக் கிளம்பிட்டே. மீட்டிங் முடிச்சுட்டு திரும்பி வந்து பாத்தா, டேபிள் மேலயே இருக்கு நோட்டு. போன் பண்ணிக்-கிட்டே இருக்கேன். நீ எடுக்கவே இல்லை. அதான், நானே வந்துட்டேன்.”

நோட்டுடன் பாயிடம் ஓடினோம். 10 மணி தாண்டியிருந்தது. மாடியேறி ரூபாயை நீட்டிய இடத்தில் முல்லாவுக்குப் பதிலாக கறுப்பாக, அளவாக கிராப்பு, குறுந்தாடியுடன் கழுத்தில் தொங்கிய சிலுவையோடு இருந்தவரிடம் “காதர் பாய் எங்க?” என்றேன்.

“கதிரவன் இண்டியன் டைம், காதர் பாய் யு.கே. டைம், நான் கெல்வின் யு.எஸ். டைம் ஷிப்ட். ஆளு முக்கியமில்லை. நம்பர்-தான்” என்று நோட்டை வாங்கி, கம்ப்யூட்டரில் தொட்டு சரிபார்த்து, கத்தை கத்தையாக நோட்டுகளை அடுக்கிவைத்து, பக்கத்து மேஜையில் இருந்த கரன்ஸி நோட்டு எண்ணும் கருவியைக் காட்டி “யு கேன் யூஸ் இட்” என்றார்.

நம் சமூகத்தில் தப்புக் காரியங்கள் செய்வதற்குப் பயப்பட வேண்-டியதில்லை என்ற தெளிவு வந்த அந்த இரவுக்குப் பிறகு என் அலு-வலக வாழ்க்கையே மாறிவிட்டது. கறுப்புப் பணத்தை கொணர்வது, அதிகாரி-களுக்கும், நில உரிமையாளர்-களுக்கும் விநி-யோ-கிப்பது, கறுப்புப் பணத்தை கணக்கில் கொண்டு-வர ரசீதுகள் தருவிப்பது, பொய் கணக்கு எழுதுவது, ஆடிட்-டர்கள் மூலம் பொய் கணக்குக்கு அங்கீகாரம் பெறுவது, வரி குறைப்பது, இன்கம் டாக்ஸ் அதிகாரிகளையும் கவனிப்-பது என்று ஏமாற்று வேலையே என் அலு-வலகச் சிந்தனையாய், அயோக்கியர்கள் மட்டுமே நண்பர்களாய் உருமாறிவிட்டது. இந்த அயோக்கியத்தனத்தை சிரத்தையாக, யோக்கியமாகச் செய்-கிறேன் என்று நல்ல சம்பளம், ஊக்கத்தொகை என்று என்னை செல்வந்தர் வீட்டு நாய் மாதிரி சௌக்கியமாக வைத்-திருக்கிறார்கள்.

ஏசி காரில் போகிறேன். உயர்தர செல்போனில் வெளிநாட்டு பணத் தரகர்களிடம் சரளமாகப் பேசுகிறேன். எங்கள் எம்ஜி ரோடு அலு-வலகக் கட்டடத்தின் 22-ம் மாடியில் வாஸ்து பார்த்து குபேர மூலையில் எனக்கென்று ஒதுக்கப்பட்ட தனி-யறை இருக்கிறது. அலுவலகத்தில் இன்னுமொரு ஜெகன்-னாதன் இருக்கிறார் என்பதால் என் பேர் "ஹவாலா ஜெகன்னாதன்" என்று மாறிவிட்டது!

7. தேனும் ஒரு "கொயர்' கோல நோட்டும்

- தமயந்தி

வாயெல்லாம் பிளந்து கிடக்க, சிகப்பு நித்துல நாக்கு மட்டும் துருத்திக்கிட்டு கதிர் தூங்குதப் பார்த்ததும் தேனு ஞாபகம்தான் சத்தியமா வருது. "ஆம்பிளைப் பசங்கல்லாம் கோமாளிப்பசங்க'னு அவ அடிக்கடி சொல்லுவா. ஆனாலும் ஆம்பிளைப் பசங்களோடப் பழகுத அவ ஒருநாளும் விடலை. அவளுக்கான கதைகளையும் அவர்களே தர்து-னாலயும் அவங்க கூட அவ பழகியிருப்பானு நினைக்கிப்ன்.

ஆனாலும் அவங்ககூட ரொம்ப நேர்மையா அவ பழகி-யிருக்க முடியாதுன்னே தோணுது. ராத்திரி வெளிமுத்தத்-துலே அவிச்ச வேர்கடலையை பொக்குபொக்குனு உடைச்-சிக்கிட்டே ஒவ்வொருத்தன் பண்ணக் கூத்தையும் கிசுகிசுப்பா சொல்லுவா.

நான் கேட்ட மாதிரியும் கேக்காத மாதிரியும் உக்காந்-திருப்பேன். எங்க வீடும் அவ வீடும் பக்கத்துப் பக்கத்து வீடுனதுனால கொஞ்சம் நெருக்கம் ரொம்ப அதிகம்தான். ரெண்டு வீட்டுக்கு நடுலயும் ஒரு கம்பி வேலி- உண்டு. அத ஒருநாள் மேல மிதிச்சு மிதிச்சு சப்பிட்டோம். எங்க அப்-பாமார் வேலைக்குப் போய் வந்துட்டு முதல்ல வேலி-யைக் கோவமா பாத்துட்டு பெகு சிரிச்சிக்கிட்டாங்க. தேனோட அப்பா ரொம்ப நல்ல மாதிரி. அதிர்ந்து பேச மாட்டார்.

சாயந்தரந்தோறும் பிள்ளையார் கோவிலுக்கு போயிட்டு வருவார். தேனோட அப்பா நல்ல மாதிரினா என்னோட அப்பா மோசம்னு அர்த்தப்படுத்திக்கக் கூடாது. அதுக்கு சொல்லவரலை நான் தேனோட அப்பாவுக்கு தேன் மாதிரி ஒரு பொண்ணுனா எனக்கே ஆச்சரியமாத்தானிருக்கு.

தேன் என்கி தேன்மொழி ரொம்பப் பிரமாதமான அழகெல்லாம் இல்லை. அதுக்காக அழகில்லாமலும் இல்லை. மாநித்துக்கும் ஒருநிம் கம்மினாலும் கண்ணு ரெண்டும் மட்டும் வெட்டுவெட்டுனு வெட்டும். அப்பல்லாம் பாலஸ் டி வேல்ஸ்ல பழையபடம் போட்டா ரெண்டு குடும்பமும் சேர்ந்துதான் போவோம். ஜங்ஷன்ல இங்கி அப்பா அப்பாவோடயும், அம்மா அம்மாவோடயும், நான் தேனோடயும், அவ தங்கச்சி மட்டும் அப்பாக்களுக்கும், அம்மாக்களுக்கும் நடுவுல பேந்தப்பேந்த விழிச்சிட்டும் மேம்பாலத்துக்கடில நடந்து வரிசையா வத்தல் கடை, அல்வா கடைனு தாண்டி தியேட்டர் போவோம்.

அநேகமா தேனு ஒரு நீலக்கலர் சின்னாளம்பட்டு பாவாடை கட்டுவா, சினிமாவுக்கு வரும் போதெல்லாம். பாலஸ் டி வேல்ஸ்ல அஞ்சே முக்காலுக்கு முன்னயே போயிருவோம். ஆறு மணிக்கு ஒரு பெல் அடிக்கும். அந்தத் தியேட்டர் வளாகத்துக்குள்ள இருக்கி கண்ணன் சிலைக்கு மாலை போட்டப் பிகுதான் டிக்கெட் கொடுக்க ஆள் வரும்.

தேனோட தங்கச்சிதான் டிக்கெட் எடுக்க ஆலாப் பப்பா. தேனு இதெல்லாம் தூசி மாதிரிங்கிது போல ஒரு பார்வை பாத்துட்டிருப்பா. தியேட்டர் முறுக்கு, கடலைமிட்டாய் எதுவும் சாப்பிட மாட்டா. அவளைப் பார்த்து வெளியபோனா ஏதாவது சாப்பிடுத நானும் நிறுத்திட்டேன்.

ஆனாலும் முறுக்குக்காரன் இண்டர்வெல்ல சீட்டுக்கு இடையே முன்சீட்டுப் பள்ளத்திலும், இந்த வரிசை நடைபாதைக்குமிடையில் காலைக் கெந்திகெந்தி போப்போது முறுக்குவாசம் கிக்கும்.

ஒருதடவ அப்படி போயிருக்கும்போதுதான் அம்மாமார் வெளியே போயிட்டாங்க. அம்மாமாருங்க ஒருத்தருக்குத் துணையா இன்னொருத்தர் பாத்ரூமுக்குப் போனாங்க. தேனு தங்கச்சியும் அவங்க கூடவே போயிட்டா. அப்பத்தான் எங்களைக் கடந்து போன ஒருத்தன் திடீர்னு கவனிச்சாப்ல நின்னு, தேனுவைப் பார்த்து சிரிச்சி “ஹாய்’ன்னான். தேனும் ரொம்ப சகஜமா சிரிச்சா.

“எங்க இப்படி தேன்மொழி’ன்னான். “பரிட்சைக்குப் படிக்க வந்தேன்’னா கிண்டலா. அவன் பெரிய ஹாஸ்யத்தைக் கேட்ட மாதிரி சிரிச்சான். பிகு வர்ப்'ன்னுட்டுப் போயிட்டான். அவன் பேர் ரங்கசாமின்னும் அவ ஸ்கூல் தான்னும் சொல்லி-ட்டு, ரொம்பகிசுகிசுப்பா, “சீக்கிரமா ஐ லவ் யூ சொல்லி-றும்’னா. கெட்ட வார்த்தை கேட்ட தினுசில் காதிரண்டையும் மூடிக் கொண்டேன். என்னப் பேசுன்னேன். அடப்போடின்னா. அதுக்கப்பும் ஏனோ அவளோட பழய மாதிரி சகஜமா பழக முடியலை.

அந்த வார ஞாயிறு, சனியோ ரங்கசாமி நோட்டு வாங்க அவ வீட்டுக்கே வந்துட்டான். தேனோட அம்மா காப்பியும், காளிமார்க் கடலைமிட்டாயும் வச்சாங்க. அவன் ஒரே ஒரு கடலைமிட்டாயை நாசூக்காக அரைமணிநேரம் மென்னான்.

நான் அவங்க வீட்ல டிவி பாத்துட்டிருந்தேன். இந்திராகாந்தி ஊர்வலத்தை டிவில காட்டிட்டிருந்தாங்க. எங்க வீட்ல டிவி கிடையாது. அவன் ஒருமணி நேரத்துல போயிட்டான். தேனு என்னைப் பார்த்து விஷமமா சிரிச்சா. நான் பழிப்பு காட்டிட்டு எங்க வீட்டுக்கு வந்துட்டேன்.

ஒரு வாரம் கழிச்சு, ஸ்கூல்லேர்ந்து வந்ததும் வராததுமா தேனு என்னக் கூட்டிட்டுப் போய் மொட்டை மாடில வச்சு அவளோட ஜியாமெட்டரி நோட்டக் காண்பிச்சா. அந்த ரங்கசாமி அவளுக்கு லெட்டர் எழுதியிருந்தான். எனக்கு வந்தது இல்லைனாலும் முதன் முதலா லவ்லெட்டரப் பார்த்தது அன்னைக்கித்தான்னதுனால கை காலெல்லாம் நடுங்கிருச்சு.

“இது நல்லதில்லை’ன்னேன். “”எல்லா ஆம்பிளைப் பசங்களும் இப்படித்தாண்டி, ப்ரெண்டும்பான், சிஸ்டர்னு கூட சொல்வான், கடைசில இப்படி எழுதுவான்”.

“”எங்கூட என் ஸ்கூல் ப்ரெண்ட்சில்லே? இப்படியா எழு-துதுங்க”னு கேட்டேன்.

“”மனசுல எழுதுவாங்க. ரொம்ப நம்பாத’னு மாடி இங்-கிட்டுப் போயிட்டா. அதென்னமோ அதுக்கப்புமா கூட அவ பழகின எல்லா ஆண்களும் சொல்லிவச்ச மாதிரி பழக நடந்துக்கிட்டாங்க.

பத்தாங்கிளாஸ் முடிச்ச லீவ்ல அதிகமா கிரிக்கெட் விளையாடுவோம் நாங்க. கடைத்தெரு இருக்கி நாச்சந்தில-தான் ஆட்டம் நடக்கும். அந்தத் தெரு முதல்ல ஜார்ஜ்சார் வீடிருந்தது. ஜார்ஜ் சார் எலி-மெண்டரி ஸ்கூல் வாத்தியார். அவர் வீட்டுக்குள்ள அடிக்கடி பால் போயிறும். முதல்லல்-லாம் எரிச்சல்பட்டு ரொம்பக் கோவிச்சிப்பார். பிகு, எங்கத் தொல்லைய ரசிக்க ஆரம்பிச்சார்னு நெனைக்கேன். சிரிச்-சிப்பார். அவர் பையன் சாமுவேல்தான் எப்பவும் பந்தை வெளிய வீசுவான்.

ஒரு நாள் நானும் வரட்டான்னான். பாலாஜி உடனேயே வாங்களேன்னான். சாமுவேல் கிரிக்கெட் விளையாடுவான்னு நாங்கல்லாம் நெனைச்சதே இல்லை. ஜார்ஜ்சார் சினிமால்-லாம் பாக்க மாட்டார். பாவம்பார்.

ஞாயித்துக்கிழமைதோறும் கோவிலுக்கு காலைல போயிட்டு சாயந்தரம் வருவார். ஒரு தடவ விகடனை நான் வாசிச்சிட்டிருக்கித பார்த்து இதல்லாம் பாவமில்லையா? உங்க மதப்புத்தகங்களைக் கூட வாசிக்கலாமில்ல?ன்னார். எதிலதான் பாவமில்லன்னு கேக்கத்தோணிச்சிது. ரொம்ப சிரமப்பட்டு அடக்கிக் கொண்டேன். கிரிக்கெட்ல எந்தப் பாவமுமில்லனு அவர் தீர்மானிச்சிருந்தாலொழிய சாமுவைக் கிரிக்கெட் விளையாட விட்டிருக்க மாட்டார் என்பது ஒரு-புமிருந்தாலும், கிரிக்கெட், அவரது பாவங்கள் குறித்த லி-ஸ்டில் இல்லை என்பதும் தெளிவாயிற்று.

சாமு கிரிக்கெட் விளையாட வந்ததைவிட தேனக் கிட்டப் பார்க்கத்தான் வந்திருந்தான் என்பது ரண்டு மூணு நாள்லயே தெரிஞ்சிப்போச்சு. தேனுட்ட அனாவசியமா அவன் சிரிக்க சிரிக்க, அவளும் பேசிக் கொண்டதுதான் ஆச்சர்யமா இருந்துச்சு.

ஒருநாள் ராத்திரி சாப்பிட்டுட்டு முத்தத்துல உக்கார்ந்தி-ருந்த போது என்னால கேக்காமயி-ருக்க முடியல.

"''சாமுவேல் உங்கிட்ட வே மாதிரி பழகான்னு நெனைக்-கிப்ன்''.

"''தெரியுதுடி''

"''அவனக் "கட்' பண்ணிப்ன்''

"''எதுக்கு?''

கேட்டுட்டு பளிச்சினு சிரிச்சா. "நான் தெளிவாருக்-கேன்'னா. அவள மாத்த முடியும்னு தோணல. சாமுவேல் அவமேல கிறுக்குப்புடிச்சாப்லயே ஆயிட்டான். ஜார்ஜ் சாருக்கு வருஷந்தோறும் ஏப்ரல் மாத தொடக்கத்துல ட்ரான்ஸ்பர் பயம் வரும். அவர் வேலை பாத்த ஸ்கூல் ஒரு கிறிஸ்தவ அமைப்பின் கீழிருந்தது. அதனால் பிஷப்பையும், பாதிரிமார்களையும் கேக் பொட்டலங்களோடு அவர் ஏப்-ரல் மாதம் முழுக்கப் போய்ப் பார்த்து, ட்ரான்ஸ்பர் இல்லாம ஆக்கிறுவார்.

அந்த வருஷம் அவருக்கு மார்ச் கடைசிலயே அம்மன் வந்துருச்சு. ஏப்ரல் நடுவரைக்கும் எழும்ப முடியாம சாத்-திருச்சு. அதுக்கப்புமாவும் அவரால எல்லாரையும் போய்ப் பார்க்க முடியல. மே நடுல அவர சாத்தான்குளத்துக்கு மாத்-திட்டாங்க. அதுக்கப்பும் அவங்களுக்கெல்லாம் "கேக்' வாங்-கிட்டுப் போய்ப் பார்க்க சார் தயாரா இல்லை. "''கேக் தின்னுத் தின்னு பாதிரி புள்ளைங்கல்லாம் பெருத்துறும். வேப்ன்ன பலனிருக்கும்''''னு வேடிக்கையா எங்ககிட்ட சொன்னார். கன்னத்துல ரொம்பக் குழியா தழும்புத்தழும்பா-யிருந்தது, மே கடைசில வேன் வச்சி சாத்தான்குளத்துக்-குப் போனாங்க. சாமுவேல் ஊர்திருப்பத்துல தேனை சந்-

திச்சி அழுதானாம். உன்னை மக்க முடியாதுன்னதுக்கு, யார் யாரை மக்க? யார் யாரை நினைக்கன்னு ரொம்ப தத்து-வார்த்தமா பேசியிருக்கா தேனு. நல்லா குழப்பி மண்டைகாய வைக்கணும்டி இவனுகளன்னா எங்கிட்ட. எனக்கு சாமு-வேலை நினைச்சி ரொம்ப பாவமாருந்துச்சு. ஆப்பிளைக்கா-கப் பரிதாபப்படாத. அவன் உன்னை உன்மேலயே பரிதாப்பட வச்சிறுவான்னா தேனு. எனக்கெதுக்கு இதெல்லாம்னு நான் அவகிட்ட இது பத்தி பேசுதயே கொச்சிட்டேன். ஆனா நம்-மூர்ல காத்துக்கு வாயில்லாம போகுமா? அவளப் பத்திய எல்லாமே காதுக்கு சுதா, கல்பனா, பாலாஜினு யார் மூல-மாவது வந்துக்கிட்டேதானிருந்து.

சாமுவேலுக்கு அப்புமா கவிதை எழுத ஒருத்தன் ப்ரெண்ட் ஆனான் தேனுக்கு. பேரு கூட சரியா ஞாப-கமில்லை. ஜெயந்தனோ ஜெயபாலனோ ஏதோ ஒண்ணு. போன மாசம் எதேச்சையா பார்க்க நேர்ந்துச்சு, புதுசா டுவீ-லர் லைசன்ஸ் வாங்கணும்னு கதிர் தான் ஒரு புரேக்கரப் பிடிச்சு ஆர்டிஓ ஆபிஸ் கூட்டிட்டுப் போனான். மொத்தம் எல் எல்ஆருக்கும் இருநூறுரூவா. ரிட்டன் டெஸ்ட்ப்ல்லாம் உண்டுனு உக்கார வச்சிட்டாங்க. இன்ஸ்பெக்டர் பத்தேமுக்-கால் வரைக்கும் வரலை. பதினொண்ணு அடிக்க வந்தா, இந்த ஜெயந்தனோ ஜெயபாலனோ. முன்னுக்கு நல்ல தளத-ளனு சரீரம். ஏற்கனவே வழில புரோக்கர், இன்ஸ்பெக்டர்னு இவனோடட லஞ்சலாவண்யத்தை சொல்லி-ட்டேதான் வந்-தான். ஜஸ்வின் ஹோட்டல்ல ரூம் போட்டு சாயந்தரமா புரோக்கர்கள் கிட்டருந்து கலெக்ஷன் போயிறுமாம், ரிட்டன் டெஸ்ட்டுக்கு வந்தவங்க எல்லார்கிட்டயும் பிட் இருந்துச்சு, கடகடனு எழதிட்டு கொடுத்திட்டாங்க, மொத்தம் பதி-னைஞ்சி கேள்விங்க. எனக்கு மூணு கூட தேலை, அவன் என்னை பெயிலாக்கிட்டு நாளைக்கு வாங்கன்னான். என்னை அவன் கண்டுப்பிடிச்ச மாதிரி தெரியலை. பிட் வச்சி எழதினவங்கள கண்டுக்கலையே நீங்கன்னேன். அவன் நிமர்ந்து பார்த்து சிரிச்சான். நமட்டாக, லைசன்ஸ் வாங்க-

ணும்னு இஷ்டமில்லையான்னான்.

இருக்கு. இப்ப கவிதைல்லாம் எழததது உண்டான்னேன். அவன் ரொம்ப கூர்ந்துப் பார்த்து யாருன்னான். எம் பேரைச் சொல்லி-ட்டு உடனேயே மந்து போகாம தேனு பேரையும் சொன்னேன். அவன் மலைப்பா பார்த்து, தேனு எப்படிருக்-கான்னான். உக்கார சொன்னான். செவன் அப் ஒண்ணு சில்லுனு வாங்கிவரச் சொன்னான்.

தேனு -கல்யாணமாகி தூத்துக்குடில இருக்கான்னேன். அவ புருஷன் மில்லுல டிரைவர் வேலைன்னதும் அவன் முகம் சுருங்கிச்சு. “பச்’சுன்னான். அவனைக் கல்யாணம் பண்ணியிருந்துருக்கலாமின்னு நினைச்சிருப்பான். அப்பல்-லாம் ஒரு கையெழுத்துப் பத்திரிகையை அவன் நடத்திட்டி-ருந்தான். பேர் கூட அபாயமாக இருக்கும், புரியாத மொழி-யெல்லாம் எழுதுவான். தேனு சீரியசா அர்த்தம் கேப்பா. அப்பல்லாம் அவன் பார்வை அவமேல மேஞ்சிட்டே இருக்-கும். இதையெல்லாம் தேனு பொருட்படுத்தவே மாட்டா.

நியை வாசிக்க தேனு ஆரம்பித்தது அப்பயிருந்துதான். அவன் கூட இலக்கிய கூட்டத்துக்கெல்லாம் போவா. ஒரு முபி அப்படித்தான் போனப்ப அவங்க சிங்கப்பூர் மாமா அனுப்பினார்னு கொக்கோ கோலா கொடுத்திருக்கான். அப்-பல்லாம் இந்தியால கோக் கிடைக்காது. தடைசெய்யப் பட்-டிருந்தது. இவளும் குடிச்சிருக்கா. கொஞ்சா நேரத்துல கூட்-டத்துல பேசுவங்கல்லாம் ஒரு பள்ளத்துல இருக்கிப்லயும், இவளுக்கு சிகு முளைச்சி மேலமேல பக்கி மாதிரியும் இருந்-திருக்கு. வெளிய வந்ததும் பீர் எப்படிருந்ததுன்னானாம். சொல்லி-ட்டு எங்கிட்ட பக்பக்குனு சிரிச்சா. எனக்கு எரிச்ச-லாவும் கோவமாவும் வந்துச்சு. “அடப்போடி’ன்னா அலட்சி-யமா. ஆனா அவன் லவ் பண்ணுதா சொன்னப்பா அவன் கிட்டயும் “போடா’னுட்டா. எங்கிட்ட சொல்லுப்போ, ஒரு பீர் பாட்டில் சப்ளை பண் ரூம்பாய் நின்னுப் போயிட்டான்னு நினைச்சிக்கபி்னா. அவளை விட்டு விலகிணும்னு எவ்ளோ தடவை நினைச்சாலும், என்னால முடிஞ்சதே

இல்லை.

அவ எந்த சமயத்துலயும் யார் கிட்டயும் எல்லை மீறு-னதில்லைனு பாலாஜி சமயத்துல பெருமைப்பட்டுப்பான். அவன் கூட அவமேல கழண்டு கிடக்கானேனு அப்படி அவன் சொல்லுப்ப தோணுனாலும், அப்படில்லாம் அவகிட்ட வழிஞ்சு நான் பார்த்தில்லை. கல்லுரியில் தேனு கூட நான் படிக்க நேர்ந்துச்சு. அப்ப அறிமுகமானவன் தான் இந்த கதிரு. நான் இடையிலேயே ரெண்டாம் வருஷம் அப்பா செத்துப்போனதை ஒட்டி படிப்பை விட வேண்டியதாப் போச்சு. அப்பா ஆபிஸ் வேலையே கிடைச்சது. அம்-மாவுக்கு என் சம்பளம் ரொம்பவே பயன்பட்டுச்சு, அக்-காவுக்குக் கல்யாணம் பண்ண, ஆயிரங்காலத்து கடனை அடைக்க, வீட்டு ஒழுக்கல்களை சரிசெய்ய. அதனாலயே என்னை கல்யாணம் பண்ணிவைக்க அவ தயாராயில்லை. மாசமானா, முதல் தேதி சம்பளப் பணத்தை வாங்கிட்டு அக்கா வீட்டுக்கபம் போயிறுவா. ஏதோ பேர் சொல்ல முடி-யாத நெருக்கம் போலன்னு நெனைச்சிட்டிருந்தேன். அதுக்-குள்ள வயசும் முப்பத்தஞ்சுக்கு மேல போயிறுச்சு. தேனு-வுக்கு சரியா இருபத்திமுணு வயசுல கல்யாணமாயிருச்சு. கதிர் அவளைக் கல்யாணம் பண்ணிக்கணுமின்னு ரொம்ப சீரியசாயிருந்தான். அவ ஒத்துக்கலை. கதிர் எங்கிட்ட பொலம்பாத நாளில்லை.

8. கள்ளநோட்டு!

- கடல்புத்திரன்

அவனுடைய செம்மஞ்சள்,பச்சை நிறமுடைய டாக்சி தென்மேற்கு நகரத்தில் உள்ள வீதிகளில் ஓடிக்கொண்டிருந்-தது.அவனுடையது! சிரிப்பு வந்தது.அவன் பல கார்களை வைத்து வியாபாரம் செய்கிற கராஜ் ஒன்றிலிருந்து அதை வாடகைக்கு எடுத்திருக்கிறான்.மேலே உள்ள கூரை லைட் எரிந்து காலியாக இருக்கிறதைக் காட்டிக் கொண்டிருந்-

தது.டாக்சி நிறுத்தல் நிலையங்களில் எல்லாம் 4-5 கார்-கள் ரேடியோ ஓடருக்காக காத்து நின்றதால்,அவனும் போய் வீணே பின்னுக்கு நிற்க விரும்பாததால்..செலுத்திக் கொண்-டிருக்கிறான்.காலும்,கையும் உளைந்தன.அதை விட மனம் உளையிறது தான் அதிகம்.இந்த அலுப்புப் பிடித்த டாக்-சிக்கு என்ன தமிழ்ப் பெயர்?மூளை யோசித்தது.உடனேயே கண்டு பிடித்து விட்டான்.பஸ்சுக்கு பேரூந்து,அவனுடையது சிற்றூர்ந்து.

“சிற்றூர்ந்து செலுத்துவதில் அலுத்துக் கொள்-ளாதே”என்று அவனுடைய அண்ணன் ரவி அடிக்கடி சொல்றது ஞாபகம் வந்தது.சிறிது உண்மை தான்.இப்படி ஓடுற போது..இதோ யாரோ முறுக்கலான இளம் பெண் மறிக்கிறாள்.பணக்காரி டைப் கிடையாது.டெர்னிம் ஜீன்-சும்,டிசெர்ட்டும் அணிந்திருந்தாள்.முகத்தில் பொலிவு இல்லை.என்ன வேலை செய்யிறாள்?என மட்டுக் கட்ட-முடியவில்லை.சிறு குழந்தைகளை பகலில் கவனிக்கிறவ-ளில் ஒருத்தியாக இருக்கலாம்.அல்லது மகளை அங்கே விட்டு விட்டு காத்திருந்தவளாக இருக்கலாம்.அதற்கு கிட்-டேயிருந்தே மறித்தாள்.சிற்றூர்ந்தை நிறுத்தினான்.ஏறின-வள்”காவட்,குரோபோர்ட்..க்கு போகணும்” என்றாள்.காரை செலுத்தினான்.பிறகு அவர்களே வழி காட்டிச் செல்வார்-கள்.”செல் போன் ஒருக்காய் பேச தருவாயா” கேட்-டாள்.அவனுக்கு அவள் மேல் அனுதாபமே இருந்தது. கொடுத்தான்.”ம்மா ..”என்று தாயுடன் அன்புடன் ஏதோ பேசினாள்.பிறகு தந்து விட்டாள்.பிளோர் வீதியால் போய் ஒசிங்டனில் திரும்ப முதல் “திரும்பாதே அப்படியே நேர விடு.இன்னொரு தடவை போனை தருவாயா?”கேட்-டாள்.”மினிட் ஒ மந்திலி பே போர் போன்” கேட்டாள்.

“மந்திலி” பதிலளித்தான். கொஞ்சம் கூட நேரம் எடுத்து அலட்டப் போறாள்..என்று புரிந்தது.”பம்கின்..”என்றழைத்து பேசிக் கொண்டிருந்தாள்.செல்ல மகளுடன் பேசுவது போல கொஞ்சி கொஞ்சி பேசினாள்.ரெடியாய் நிற்கச் சொன்னாள்.

காரை கோப்பிக் கடைக்கு பக்கத்திலே இருக்கிற வீதியில் திரும்பச் சொன்னாள்.போனை திரும்ப தந்து விட்டாள்.சிறிது தொலைவில் தலையில் துணியைக் கட்டிய கறுவல்கள் 2 பேர் நடந்து போய்க் கொண்டிருந்தார்கள். கிட்ட நெருங்க "நிறுத்து,நிறுத்து"என்றாள்."பேபி வைத்திருக்கிறாயா?" கேட்டாள்."ஏறு ஏறு" என்றாள்."காசு கொண்டு வந்தாயா" கேட்டான்."வா அம்மாட்ட வாங்கி தாரேன்" என்றாள்.ஏறி-னவன் உடனே இறங்கி விட்டான்."எனக்கு இப்ப நேரம் இல்லை.நீ காசை வாங்கிட்டு இங்கே வா.இங்கே தான் நிற்-பேன்" என்றான்.அவள் முகம் சோர்ந்து விட்டது."சரி"என்-றவள் காரைச் செலுத்தச் சொன்னாள்..கார், காவட் அன் குரொபோர்ட்டுக்கு போனது.அது ஒன்றும் தொலைவில் இல்லை,பக்கத்தில் தான்.'இன்ன நம்பர் வீட்டிலே நிறுத்து என்று சொன்னவள்,அவன் தேடிப் பார்க்க அவளே வீட்டை காட்டி நிறுத்தினாள்.தாய்யோடு வாசலில் வாரப்பாடாகக் கதைத்து விட்டு திரும்பவும் வந்து ஏறினாள்.மீற்றர் $10 ஆகி விட்டிருந்தது."திரும்ப அதே இடத்தில் இறக்கி விடு-வாயா..இந்த $10 பிளட் உடன்"கேட்டாள்.அது பக்கத்தில் என்பதாலும்,அவனும் ஒரு கோப்பி வாங்க இருந்ததாலும் "சரி" என்றான்.ஆனால் இப்ப அந்த இடத்திற்கு அருகே பொலிஸ் கார் பார்க் பண்ணி இருந்தது."கண்றாவி பொலிஸ் வந்து விட்டது போனை ஒருக்காய் தருவாயா?" கேட்-டாள்.அவனுக்கு இந்த போதை மருந்து வாங்க்குவதால் சலிப்பு வந்ததால்..மறுத்து விட்டான்."இங்கே இறங்கிறனி தானே.." என்று நிறுத்தினான். அவள் ஒரு பழைய $20 நோட்டை தந்தாள்."நல்ல பழையது இல்லை" என்று சிரித்-தாள்.அவனுக்கு 'சீ' 'என்று போனது.தார நோட்டும் கள்ள நோட்டாக இருக்குமோ?.. தெரியாது.வாங்கி விட்டு $10 மிச்சம் கொடுத்து கை கழுவி விட்டான்.இப்ப அவனுக்கு அவள் மேல் உள்ள அனுதாபம் முற்றாக வடிந்து விட்-டது.$10 நட்டம்.அவனுக்கு அனேகமாக அது கள்ளநோட்-டாகத் தான்! இருக்கும் என தீர்மானமாகப் பட்டது.

எடுத்து காத்திலே பார்த்தான்.ஒரு ஈயக் கோடோ.. சதுர மினுங்கல் அடையாளமோ இருக்கவில்லை.கோப்பிக்கடை வழியே வைத்திருக்கிற கள்ளநோட்டு பரிசீலிக்கும் மெசினில் வைத்தால் நிச்சியம் கள்ள நோட்டு என்றே காட்டும் போல-யிருந்தது.அதை எடுத்து பிறிம்பாக வைத்துக் கொண்டு,கோப்பியை வாங்கிக் கொண்டு ஏறினான். மனதில் அலை அடித்துக் கொண்டேயிருந்தது.அவனுக்கு பெரிய ஈய்யிற இயல்பு இல்லை தான். ஏறும் பயணிகளால் ‘ டிப்ஸ்’ என கிடைக்கிற காசுகள் ஒரு நாளைக்கு $20 மட்-டிலே கிடைக்கும் தான்.ஓரே ஒரு தடவை அதை வீடற்ற ஒருத்தருக்கு கொடுக்கணும் என விரும்புகிறான்.ஆனால் இன்னமும் கொடுக்கிறதுக்கு மனம் வரவில்லை.அவ்வளவு தொகையை கொடுக்க அவரும் அதிசயமாகப் பார்ப்பார் என்பது வேற விசயம்.ஆனால் அது பரீட்சையாக அவனால் பாஸ் பண்ண முடியாமலே இருந்தது.$10,$5,$2..என கொடுத்திருக்கிறான்.பெண்ணும் பாவமானவளாக இருக்கி-றாள். அப்படி ‘ஈய்ந்த தொகையாக அந்த $10 இருக்கட்-டுமே’ஆனால் மனம் ஒப்புக் கொள்ள மறுத்தது.

அவள் $20 தாளை தந்து கண்முன்னாலே ஏமாற்றி விட்டு பறித்திருக்கிறாள்.பொலிஸ் கார் எதிரே நிற்கிறது தான்.பொலிஸ்காரரிடம் போய் கள்ளநோட்டை தந்து விட்டு போறாள்”என்று புகார் கொடுக்கலாமா?யோசித்-தான்.ஆனால்,பொலிஸ் அவனுக்கு பிடிக்காதவைகளில் ஒன்று.குடுத்தால் ..அவளை பிடித்து தேவையில்லாமல் கிழ-மைக் கணக்கில் சிறையில் போட்டு விடுவார்கள்.பிறகு,இன்-னும் பல குற்றங்களை சுமத்தி..மாசக் கணக்காக்கி விடு-வார்கள்.பொலிஸ் சிற்றூர்ந்துகளைப் பிடித்தால்...சிலவேளை ஒரு டிக்கற் மட்டும் கொடுப்பதில்லை,2-3 டிக்கற்றுக்களை எழுதி கொடுத்து விடுவதும் வழக்கமாக இருந்தது.அவள் போதைப் பொருளை வாங்கவே அங்கே வந்தவள்.அவன் எதிர் பார்க்கிறது போல எதுவும் நடக்காமலும் விட-லாம்.ஆனால் பொலிஸ் அவளை கட்டாயமாக அவமரி-

யாதை செய்தே விடும்.பின்னுக்கு கைகளைக் கட்டி விலங்கு போட்டு..அல்லது எப்படியோ..? . வெறும் $10 ஏமாற்றி பறிக்கப்பட்டதாக இருந்து போய் தொலையட்டும்.

ஆனால் பெண் ஜென்மங்கள் தான் பெரும்பாலும் இப்படி போதைப்பொருள் வாங்க அலையிறதைப் பார்க்கிறான். ஏன் பெண்களாக இருக்கிறார்கள்? இயல்பாகவே பெண்களுக்கு டாக்டர்களும்..தலையிடிக்கு ஒரு மாத்திரை,மன இறுக்கத்-திற்கு ஒரு மாத்திரை,எலும்பு கல்சியத்துக்கு கல்சியம்,தூக்-கத்திற்கு ஒரு மாத்திரை, பிள்ளையை பெத்துக்கிற போது பல மாத்திரைகள்•••இப்படி நிறைய மாத்திரைகளை எழுதி பாவிக்க பழக்கிறார்கள். அந்தப் பழக்கம் தான் இவர்களை இங்கே கொண்டு விட்டதோ?முந்தி சில தடவை இரவிலும் கொஞ்சநாட்கள் சிற்றூர்ந்து ஓடி இருக்கிறான்.அப்பவெல்-லாம் பள்ளிக்கூட பெட்டைகளை நைட்கிளப்புக்களில் இருந்து பல தடவை நகரத்திற்கு வெளிய இருக்கிற அவர்-களிட வீடுகளில் இறக்க ஏற்றி சென்றிருக்கிறான்.குடிவெ-றியில் அவர்களுள் பேசி வருகிறவர்கள் ..சிலவேளை அவனைக் குறித்தும் கேள்விகள் கேட்பார்கள்."நீ அசீஸ் பாவித்திருக்கிறாயா?"

"இல்லை"என ..''இந்த இதை பார்த்திருக்கிறாயா''காட்-டுவார்கள்.மாத்திரை வடிவில் ஒன்றாக இருக்-கும்.16,17,18..வயசுப் பெட்டைகள்.இங்கே போதைப்பொருள் பாவிக்காத பெட்டைகளே இருக்க மாட்டார்கள் போல இருக்கே..என்று அவனுக்கு தோன்றியிருக்கிறது.பொலிஸ், நகரத்து அரசியல்வாதிகள்,நைட்கிளப்புகள்,இந்தப் பெட்டை-கள்..நகரத்திற்கு இயந்து வாழப் பழகி விட்டார்கள்.எல்லாம் இயல்பு.அவன் புலன் சொல்லுற ஆளும் இல்லை,திருத்துற ஆளும் இல்லை.ஆனால்,அவனுக்கு அனுதாபமாக இருக்-கும்.ஏன் ஆண்களை விட பெண்கள் அதிகமாக இழுக்கப் படுகிறார்கள்? இளம் வயதிலே அவர்களுள் ஏற்பட்டு தொடர்கிற வலியுடன் கூடிய மாதர்..வட்டங்களாலும், அச்-சமயத்தில் ஏற்படுற நாத்தங்களாலும் அவர்களே அருவெ-

றுப்படைகிறார்கள் ..போலவே படுகிறது.ஓரளவு ஆரோக்கியமான விசயங்களில் வெளிநாட்டுப் பெண்கள் நாட்டம் பதித்திருந்தாலும்•••கூட எல்லாப் பெண்களும் ஒன்று தான்.அவர்கள் போதைப்பொருளுக்குப் போகிறார்கள்.கூடுதலாக சிகரட் புகைத்து தள்ளுகிறார்கள்.நம்மவர்கள்••• அதீதமாக தங்களை முக்கியப்படுத்த வேண்டும் என்பதற்காக..உறவுகளை எல்லாம் காயப்படுத்தி..,சண்டை பிடிக்கிறார்கள்..,சந்தோசமின்மையை விதைக்கிறார்கள்.மனுநீதிகள் எல்லாம் கவனிக்கப்படுவதில்லை.

ஆண்களும் போதைபொருள் இல்லை என்று சொல்லி விட முடியாது.ஆனால்,அவர்கள் வெளிப்படையாக காட்டிக் கொள்வதில்லை.ஆனால் தலைகெட்ட வெறியில் பெண்களைப் பற்றிய தமது அபிப்பிராயங்களை ..அனுபவங்களை எல்லாம் உதிர்ப்பார்கள்.ஆனால் எல்லாரும் அவனுக்கு மீற்றருக்கு மேலே டிப்ஸும் கொடுத்து விட்டே போவார்கள்.சிலர் ‘அவனுடைய ரைவிங் நல்லாயிருந்தது’என்பார்கள்.”குறைவான தூரத்தில் கொண்டு வந்து விட்டாயே..நன்றி”என்பார்கள்.

மனதின் அலை சற்று ஓய்ந்திருக்க..நகரத்திற்குள் வந்து ஒரு கொட்டேலின் முன் நின்று கொண்டிருந்த சிற்றூர்ந்து தொடரில் ஒருத்தனாக அவனும் நின்றான்.ரோயல் சிற்றூர்ந்துக்காரன் வெளிய இறங்கி நெட்டி முறித்து கைகள்,கால்களை உதறிக் கொண்டிருந்தான்.அவன் ஜன்னல் கண்ணாடியை இறக்க அவனுடைய காருக்கு கிட்ட வந்தான்.அவன் அந்த $20 நோட்டைக் காட்டி “இது கள்ள நோட்டா”என்று கேட்டான்.”ஒரு பயணி தந்தது,எனக்கு அப்படி தான் படுகிறது.”அவன் அதை வாங்கி பார்த்து விட்டு..”இது ஒரிஜினல் தான்.ஆண்டு1976பார்.இந்த பழைய நோட்டுகளில் கள்ள நோட்டு அடிக்கிறவர்களில்லை.புதிய நோட்டுக்களில் தான் கள்ளநோட்டுக்கள் வருகின்றன.”என்றான்.தொடர்ந்து”இதே போல பழைய நோட்டுக்கள் $5,$10, $20..கூட நான் மாற்றாமல் வைத்திருக்கிறேன்”என்றான் சிரித்துக் கொண்டு.”ஒரு

மினுங்கல்களும் ,கோடுகளும் இல்லையே"என்று கேட்-
டான்."பழைய நோட்டுகளில் அதெல்லாம் இல்லை
தான்.வங்கியிலே,காஸ் நிலையத்திலே கொடுத்துப் பாரு
.எடுப்பார்கள்"என்றான் அந்த அனுபஸ்தன்.அவனுக்கு
அந்தப் பெண் ஏமாற்றவில்லை என்பது புரிந்தது.ஒரு நொடி-
யில் என்னென்னவோ எல்லாம் எண்ணி விட்டானே.பெரும்-
பாலானவர்கள் ஏமாற்றுக்காரர்களில்லை. அவனிடத்தில்
தான் ..இருக்கிற ஈயும் குணத்தின் குறைவுகளால் சந்தேகப்
புத்தியும் களையாக மண்டிக் கிடக்கிறது.

9. ரூபாய் நோட்டு

- கடல்புத்திரன்

சந்திரனுக்கு அன்று ஜாதகத்தில் 'புது மாதிரியான அனு-
பவங்கள் கிடைக்கும்' என எழுதியிருக்க வேண்டும்.சில கிர-
கங்கள் உச்சத்தில் •••இருந்திருக்கலாம். "கோட்டை கட்டி
விடாதே தம்பி,அவை அனுபவங்கள் மட்டும் தான்,அனுப-
விக்கிறது இல்லை !"அவனுடைய ராசி அவனுக்கு தெரி-
யாதா, என்ன நக்கலாக ஒரு 'உட்குரல்'?சிரித்துக் கொண்-
டான். விடிந்தும் விடியாத பனிக்காலைப் பொழுதில் (சிறிது
இருட்டாக இருந்தது), காலை 7.00 மணி போல ரேடியோ
ஓடரைப் பெற்றவன், காரின் டிக்கி திறந்திருப்பது போல
தோன்ற, இறங்கிப் போனான். அந்த இருட்டில் நிலத்தில்
ஒரு '10 டொலர் பிளாஸ்டிக் தாள்' கிடக்கிறது தெரிந்தது.
அந்த 'கெண்டக்கி சிக்கின் பாஸ்ட்பூட்' கடையின் பார்க்கிங்
பகுதியிலே காலையிலே எல்லா டாக்சிகளும் அடையிறது
வழக்கம். அதிக பனி பொழிந்து கொண்டு இருந்தாலும்
'7.00 மணிக்குப் பிறகு பார்க் பண்ணக் கூடாது'என்ற நகர-
சபையின் வீதிப் பலகையைக் காட்டி காவலர்கள் அபராத
டிக்கற்றுக்களைத் தந்து அரியண்டம் தருவார்கள்.இயற்கை
அனர்த்தங்கள் நிகழ்வதால் நகர அரசுக்கு நிறைய செலவு-
கள் ஏற்படுகின்றன. அந்த துண்டு விழுகைகளை சீராக்குவ-

தற்காக இரக்கமற்ற முறையில் காவலர்களைக் கடமையைச் செய்ய வைக்கிறார்கள். அதற்காக, அம்புகளாக, ரொபோ-வாகவா நடக்க வேண்டும்! நடக்கிறார்களே.

“மனிதத்தனத்துடன் வேலை செய்”என்ற காந்தியத்தை கடைப்பிடியா விட்டால் இவர்களுக்கு மரியாதை ஏற்படப் போவதில்லை.

நகரசபையின் ‘பைலோக்க’ளை விட வெளியில், நல்ல ‘பைலோக்’கள் இருக்கின்றன தான். ஒரு நாடு நல்ல ‘பைலோக்க’ளை எடுத்தாலே நல்ல பேர் நிலவும். இல்லை எனில் “சோ சோ!” தான்.

ஜனநாயக முறைப்படி நகரத்திற்கு பொலிஸ், மாகாணத்-திற்குப் பொலிஸ், தேசத்திற்கு ••• என இங்கே இருப்பது போல தானே நாமும் வடக்கு, கிழக்கு இணைந்த தமிழீழ மாகாணத்திற்கு ••• பிறிம்பான பொலிஸ் சேவையை வழங்க கோரினோம் .இதனாலேயே, இங்கே ஒவ்வொரு நகரத்திலும் குற்றங்களை வெகுவாக குறைக்கவும், ஜனநாயக உரிமை-களை மக்கள் அனுபவிக்கவும் முடிகிறது. கிடைக்கிற பட்-சத்தில், எங்க மக்களும் தலை நிமிர்ந்து வாழ முடியுமே! ஜனநாயகத்தை கட்டமைக்க முக்கியமான,மற்றும் காணி,கடல்,கல்வி உரிமைகளும் (இதோடு பிணைந்திருப்-பவை தான் வேலை வாய்ப்புகளும்)கிடைக்கிற பட்சத்-தில்•••இன்று மகிந்தா,சொல்கிறாரே,”வடக்கு வளர்கி-றது;கிழக்கு ஒளிர்கிறது!”,அது உண்மையிலேயே நடக்கலாம்.

ஆனால், சாபம் போல , எங்க நாட்டிலோ மாகாண-வரசுக்கு ‘பொலிஸ் சேவையை வழங்க சிறிலங்காவரசுக்கு இஸ்டமில்லை .அது நாடு முழுதையும் ஒரு மாகாணவர-சாகவே கருதி குறுக்கி ஆள்கிறது. பொலிஸின் அவசியம் அதற்கு புரியவே இல்லை போல படுகிறது.

‘பொலிஸ்’ என்றால் சண்டித்தனதிற்குப் பாவிக்கிற ‘வேலைகாரப்படை’ என நினைக்கிறது. கொடுத்தால், அது மத்தியிட தயவில்லாமலேயே தானே இயங்கும் என அஞ்-சுகிறது. இயங்கிட்டுப் போகட்டுமே! தனிநாடாக இல்லாமல்

ஐக்கிய நாட்டில் ஒரு மாகாணமாக (இணைந்த) இருக்கிறதே, அது போதும் தானே!,ஒவ்வொரு மாகாணமும் ஒன்றை ஒன்று பார்த்து போட்டி போட்டுக் கொண்டு வளருமே.ஒரு காலத்தில் 'தன்னிறைவான நாடாக' இருந்தது என்கிறார்கள். அது மீள ஏற்படுமே, நல்லது தானே!

இன்று,'புத்த நாடு'என்ற வண்டை மூளையில் புக விட்டு,அதன் பாதிப்பால் கிட்டத்தட்ட பையித்தியக்கார நிலையிற்குப் போய் விட்ட அவர்கள் என்று தெளிவார்களோ?

ஆனால், இங்கேயும் என்ன நடக்கிறது???! 'இக்கரைக்கு அக்கரைப் பச்சை' போல, இங்கேயும் பொலிஸ்க்கும் ,மக்களுக்கும் நிலவ வேண்டிய நேச உறவுகள் சிதைய கடமையை புரிந்து, வெறுப்பேற்றுகிறார்களே. இந்த மாதிரியான பொலிஸ் சேவைக்கா மாய்ந்து மாய்ந்து போராடுகிறோம். லஞ்ச லாவண்ய சக்திகள் ஒடுக்கப் பட்டிருக்கிறார்கள் என்பது மட்டுமே நல்ல விசயமாக கிடக்க குற்றங்கள் குறைந்திருந்தாலும், இவர்களின் கடமை புரிதலே ஒரு வகையான குற்றம் ..போல தெரிகிறதே!

சக ஓட்டியர் பத்திரிகை நிருபர் போல சொல்லக் கேட்டிருக்கிறான்,''பொலிஸ் என்றால் என்ன என்று நினைக்கிறாய்?அது ஒரு' போஸ்'!, பதவிகளில் இருக்கிறவர்கள் எப்பவும் அட்டகாசமாக இருக்கவே விரும்புவார்கள். இதற்கு, எல்லா அரசினரும்•••அதிகாரத்தை பிரயோகிக்க அளவுக்கு மேலேயே அனுமதி கொடுத்திருக்கிறார்கள். இவர்கள், உண்மையிலே •••குற்றம் புரிகிற போது கூட சில சலுகைகளைக் கொடுத்து..தண்டிக்காது விட்டு விடுகிறார்கள். இதில்,வட்டம், மாகாணம், மத்தி.. எல்லோருமே சேர்ந்து கூட்டாக 'செல்லப் பிள்ளை'யாக கருதுவதால் இவர்களுக்கும் 'தலைக்கனம்' கூடி விட்டது. பனிப்புயலிலும் அதிகாரம் பறக்கிறது

சாதாரணவர்கள் புரிகிற போது அளிக்கப் படுற தண்டனை இவர்களுக்கு கொடுக்கப்படுவதில்லை. வேலையிலே, அல்லது சாதாரணமாக இறந்தாலோ, "உங்களுடைய விடு-

தலை இயக்கங்களிலே'' நடக்கிற மாதிரியான மரியாதை வேறு கிடைக்கிறது''என்று நக்கலும் அடித்தார்கள்.

இன்றைய, ஜனநாயக முறையிலே கூட சட்டதிற்கு முன்-னால் எல்லாரும் சமமாக •••கருதப்படுவதில்லை தான்.சிறி-லங்காவே பெரிய உதாரணமாக இருக்கையில் என்னத்தைச் சொல்றது.வாய்யை மூடிக் கொண்டிருக்க வேண்டியது தான்.'ஏதோ பிழை செய்திருக்கிறேன்,அது தான் கடவுள் இப்படி தண்டிக்கிறார்'என வழக்கம் போல சமாதானப் படுத்-திக் கொள்ள வேண்டியது தான்.

அதனாலே இங்கே, இருக்கிற டாக்சிகள் காலைவே-ளைகளில் அங்காங்கே கிடக்கிற பார்க்கிங் பகுதிகளில் அடைந்து விடுகின்றன. அந்த டாக்சி ஓட்டியரிர் எவரோ ஒருவர் தான் தவற விட்டிருக்க வேண்டும். அல்லது எதிர்த்-தாற் போல தான் பஸ் நிறுத்தம் ஒன்றும் கிடக்கிறது. கடைசி நேரத்தில் விழுந்தடித்துக் கொண்டு வருகிற பயணியர் ஒரு-வரும் கூட பார்க்கிங் பகுதியைக் கடக்கிற அவசரத்தில் தவற விட்டிருக்கலாம்.அல்லது விசமத்திற்கு யாரோ ஒரு-வர் அதை போட்டு விட்டு தூரத்தில் நின்று கமராவுடன் கவனித்துக் கொண்டும் கூட இருக்கலாம். அட்வான்ஸான நாட அட்வான்ஸான குற்றத்தையும் கொண்டு தான் கிடக்-கிறது.

'யூ டியூப்' பில் போட்டு ரசிக்கிறவர்கள் கூட்டம் ••• கூடிக் கொண்டு போகிறதாக ஒரு தரவும் கூறுகிறது. நல்ல குணங்களுடைய இவர்களிடம் கிடக்கிற கெட்ட குணங்க-ளின் ஆழங்களை சமயத்தில் அள விடவே முடியாது போய் விடுகிறது. அங்கே, ஒரு மகிந்தாவைத் தான் நாம் பார்க்-கலாம். இங்கே என்றால்••• ஆயிரம் பேரைப் பார்க்கலாம் என்றால் பாருங்களேன். இவர்களின் ஆன்மீகச் சிந்தனை-களின் 'முள்' சைபரை எட்டிக் கொண்டிருப்பதாலே இந்த விளைவுகள் எனவும் படுகிறது.

இங்கத்தைய அரசு காந்தியத்தைப் பற்றி கவலைப்படுவ-தில்லை, அல்லது பின்பற்றப் பயப்படுகிறது . விஞ்ஞானத்-

தில் மட்டுமே நாட்டம் கொண்டதாய் இருக்கிறது. தொண்ணூறு வயதுடைய கிழவன் ஒருத்தனை, அவன் ஐம்பது வயதில் புரிந்த குற்றம் தெரிய வந்தால் சிறையிலே தான் போடுவார்கள். புரோகிராம் மாறாது. இவ்வளவு காலமும் கண்டு பிடியாத கையாலாகாதனம் ,ஒரு வயதிற்குப் பிறகு தண்டனை அளிக்கக் கூடாது என்ற எல்லை எல்லாம் கடைபிடிக்கப் படுவதில்லை.

இந்தியாவிலே, சம்பல் பள்ளத்தாக்கு கொள்ளையர்களுக்கு மன்னிப்பு வழங்கினர் வாழ்வளிக்கப்பட்டு சமூகத்தில் கலக்க வைத்தார்கள் .அதெல்லாம் இங்கே எதிர் பார்க்க முடியாது. சிறிலங்காவரசைப் போல ஒற்றைப் போக்கை தான் எதிர் பார்க்க முடியும்.

அதோடு இங்கத்தையவர், இயல்பான சமூக அசைவுகளை ' வேறு 'பைலோ'க்களா'க்கி விட்டிருக்கிறார்கள். அது ஒரு விதத்தில் நல்லது என்றாலும் இன்னொரு விதத்தில், இயல்பாக இருப்பதை கையில் தடியுடன் ஆசிரியர் போல ஒருவர் வந்து "நீ அப்படி செய்,இப்படி நட.."என்றால் மக்கள் கடைபிடிக்கிறதையே விட்டு விடுவது போன்றதாகிக் கிடக்கின்றன. அதனாலே மக்களிடம் சமூக உணர்ச்சிகள் குறைகிறதாகப் படுகிறது. அரசாங்க ஸ்தாபனங்களே யூனியனின் வேலைகளைச் செய்கின்றன.எனவே மக்களின் போராட்டங்கள்.. எழ வாய்ப்பில்லை போன்ற நிலை.

மற்ற நாடுகளின் அரசியல் பிரச்சனைக்கான ஆர்ப்பாட்டங்கள் மட்டுமே நடந்து கொண்டிருக்கின்றன .அதன் காரணமாக சமூகப் பழகல்கள் அருகி கிடக்கின்றன .நல்ல விசயங்களிலும் கூட 'கெட்ட விளைவுகள் கிடக்கின்றன' என்பது சரி தான்! அதனால், இங்கிருப்பவர்களிடம் இருக்கிற 'வக்கிரங்கள்' நம்மவர்களை விட வளர்ந்தே கிடக்கின்றன . நல்ல விசயம்,நூலைழை வித்தியாசத்திலே தான் கெட்ட விசயத்திலிருந்து பிரிபட்டுக் கிடக்கிறதோ?அங்காலே போனால்,நல்லது!,இங்காலே வந்தால் கெட்டதா? சிறிலங்கா நினைத்தால் ஒரே வினாடியில் கூட நல்ல நாடாக மாறி

விட முடியும். அதற்கு ஸ்மார்ட்ட்டான தலைவர்கள் வேண்டும். தலையைச் சுற்றுகிறது. வெளிநாடுகளில் நல்ல வாழ்க்கை என்பது ஒரு மாயை போலவும் தோன்றுகிறது? தனக்கு பையித்தியம் பிடிக்காத குறை தான். தனிய காரில் ஓடிக் கொண்டிருந்தவன், வாய் விட்டுச் சிரித்தான்.

இந்த 10 $ டொலரை சந்திரனே எடுக்க வேண்டும்'என்று எழுதியிருந்திருக்கிறது. யாருமே இல்லையா என அங்க இங்க பார்த்து எடுத்து பொக்கற்றில் வைத்தவன். இனி அந்த தாள் அவனுடையது தான் . அவனிஸ்டம்படி செலவு செய்யலாம். அந்த தாளை நானே எடுத்துக் கொள்வதற்கு எத்தனை தூரம் அலம்ப வேண்டியிருக்கிறதே. "புதிய வானம்.புதிய பூமி.எங்கும் பனிமழை பொழிகிறது" பாட்டும் வருகிறது.

அதை அவன் தனக்கென வைத்திருப்பதிற்கு 'பிறம்பாக'வும் ஒரு நியாயம்' இருப்பதாகக் கண்டு பிடித்தான். கொஞ்சநாளாய் அவன் ஓடுற கார் திருத்திறதுக்கென கராஜ்ஜில் நிற்கிறது. பிழைப்பிலே துண்டு விழுகிறது. எனவே கிடைக்கிற காரை அரைநாள், ஒருநாள் என கராஜ்காரன் கொடுத்துக் கொண்டிருக்கிறார்.

கணனி மூளை போல, கடவுளும் (ஒரு சக்தி) உலகத்திலுள்ள எல்லா உயிரினங்களையும் இயக்கிக் கொண்டிருக்கிறார்' என்ற வேதாந்த நினைப்பும் அவனுக்கும் கொஞ்சநாளாய் ஏற்பட்டு விட்டிருந்தது.கடவுளே 'காரை' பிழைக்க வைத்திருக்கிறார்.அந்த நேரத்தில் விளையாடுகிறார்.அதற்கிடையில் இழப்பிற்கு நட்ட ஈடு கொடுக்க இப்படியும் போட்டிருக்கிறார். அப்படி நினைப்பதில் ஒரு சந்தோசம் இருந்தது.ஆனால்,அவனுள்ளே இருக்கிற இன்னொருத்தனுக்கு 'அது சரியாப் படவில்லை'."இது உன்னுடைய பணம் இல்லை,நீ ..வைத்திருக்க முடியாது.யாரும் பிச்சைக்காரனுக்கு... போட்டு விடு" வில்லன் போல இவனொருத்தன், என எரிச்சலே வந்தது. ஆனால்,அவன் அதிலே திடமாக நின்று... 'வேதாளம் முருங்கை மரத்தில் ஏறியது 'போல

ஏதோ •••அலட்சியமாக கதை அளக்கத் தொடங்கினான் .

"உன்னுடைய 'ரிபிரெஸ் கோர்ஸிலே' பாடம் எடுத்த சேகர் ஆசிரியர் •••ஞாபகம் இருக்கிறதா?" நக்கலாக கேட்பது போலவும் இருந்தது.

அந்த சிம்பிளான மனிதர் நினைப்பில் வந்தார். இந்திய அடியைச் சேர்ந்தவராக இருக்க வேண்டும். அவர் 'பேர்'தமிழ்ப் பேரல்லவா!அவர், சொன்னது இது தான்.'பணத்திலே எப்பவும் போகஸ் பண்ணாதீர்கள் .அது உங்க கைகளில் இருக்கப் போவது ஒரு எல்லைக்குட்பட்டது தான் .எப்படியும் அது வேற ஒருவன் கைக்கே போய் விடப் போகிறது. அதற்கு அடித்து பிடித்துக் கொண்டிருக்கிறது •••சரியில்லை! இருக்கிற போதே அதை மற்றவர்களுக்குக் கொடுத்து புண்ணியத்தை தேடிக் கொள்ளுங்கள் "பணத்தை, வழுக்கிக் கொண்டிருக்கிற. பாம்பைப் போல , அதன், உரித்துக் கொண்டு போகிற சட்டையைப் போல நினைவில் வைத்துக் கொள்ளுங்கள் "என்று வேறு வேடிக்கையாக குறிப்பிட்டார்.

வாழ்க்கையில் மாற்றங்கள் வேணும் தான். அதற்கு பணத்திலே மயங்காதே என்கிறாரே.

இங்கே, சேர்ச்சோட இழுபடுற மக்களிடம் அந்த மாதிரியான ஒரு நடை முறை நிலவுகிறது தான் . அதிலே ,சேர்ச்சிற்கு கட்டாயமாக சந்தாப் போல கொஞ்ச பணத்தைக் கொடுத்து விட வேண்டும் என்றதில்,'கட்டாயம்' என்பது நெருடவே செய்கிறது.ஊரிலே விளையாட்டுக் குழுவிற்கு நாம் 'சந்தா 'கொடுக்கவில்லையா? அப்ப , சரி, பிழை •••தெரியவில்லை தான் .சேர்ச்சும் ,அம்மக்களின் சுக,துக்கங்களில் பங்கு பெறுகிறது தான்.

சேவைக்கு முன்னால் பணத்தின் மதிப்பு குறையுது தான்!

இங்கே ,பொலிஸ் அபராத டிக்கற்றாக தண்டும் பணத்திற்கு முன்னால் இந்த 10 டொலர் ஒரு சுண்டங்காய்!

அவனோடு வாதாட அலுப்படைந்து விட்ட சந்திரன் "சரி ,போட்டு விடுகிறேனப்பா!"என்று உள் மனிதனுக்கு கடைசி-

யாக மறுமொழி சொன்னான்.

எதிர்ப்பட்ட, 'டிம் ஹோற்றன் கோப்பிக் கடைக்கு' முன்னால் நின்றவனிடம் காரை நிறுத்தி விட்டு, இறங்கி போனான். அவனுடைய பணத்திற்காக காத்திருந்ததுது போல .. அந்த வெற்று கோப்பிக் கப்பும் வெறுமையாகக் கிடந்தது. சந்திரனுக்கு பயம் பிடித்துக் கொண்டு விட்டது. முதலில் போட்டு விட்டே மறுவேலை பார்த்தான். நிம்மதியாய் இருந்தது. அவன்,"பிசினஸ் நல்லாய் நடக்கும், நன்றி"என்று சொல்றதையும் காதில் வாங்கிக் கொள்ளாமல் , கோப்பி ஒன்றை வாங்கிக் கொண்டு காரில் வந்து ஏறினான்.

'220 என்ற டாக்சி நிறுத்த நிலையத்தில்' கொண்டு போய் மூன்றாவது காராய் நிறுத்தினான். அவனுக்குப் பின்னால் ஒரு டாக்சி வந்து நின்றது. நூலகத்தில் எடுத்திருந்த சாண்டிலயலின் நாவலை எடுத்து ••• தொடர்ச்சியை வாசிக்க தொடங்கினான். திங்கள் கிழமை தொடங்கியவன் அரைவாசிப் பக்கங்களை கடந்து விட்டிருக்கிறான். எப்ப முடிப்பான் என்று அவனுக்கு தெரியாது. அவன் இப்படி பல புத்தகங்களை வாசிச்சுத் தள்ளியிருக்கிறான். விடுதலை சம்பந்தமான நிறைய புத்தகங்களை வாசிக்க முடிந்தது. ஊரோடு அவனை ஒட்டி வைத்திருப்பவை இப்படியான நேரங்களில் வாசிக்கிற இந்த புத்தகங்கள் தானே! தொலை தூரத்தில் சிறுபுள்ளியாய் இருக்கும் ஊரிலே எப்ப கால் வைப்பேனோ? என்ற ஏக்கமும் அவனை சில சமயம் வாட்டி வதைக்கிறது. இப்படியான பிரிவிற்கும்••• ஏதாவது நோக்கம் இருக்குமோ? அவர் திருவிளையாடலை யாரால் புரிந்து கொள்ள முடியும்.

அவனின் காரின் பின்பக்க பம்பரில் சிறிது பெயின்ற் பெயர்ந்திருந்தது.பொலிசை விட 'டாக்சி கண்காணிப்பாளர்கள்' என்ற இன்னொரு கூட்டமும் இருக்கிறது. அவர்களும் இந்த அபராத டிக்கற்றுக்கள் தருவார்கள். ஆனால், பொலிசைப் போல பேர்வழிகள் இல்லை. திருத்தல் வேலை-

கள் இருந்தால், அவர்கள் சொல்கிற நாட்களுக்குள் திருத்தி, காட்டி விட வேண்டும். கொஞ்சம் நண்பர்கள் போன்றவர்கள். நகரசபைக்கு பணத்தை பறித்துக் கொடுக்க வேண்டும் என்று நினைக்கிற ஜென்மங்கள் இல்லை.

அவன் எப்பவும் உசார் பேர்வழி தான். நாவலில் மூழ்கியதால், எல்லா கார்களுக்கும் முன்னால் கண்காணிப்பாளர் காரை நிறுத்தியதை கவனிக்க தவறி விட்டான். கவனித்த போது, தன்னுடைய காரை எடுக்க முடியாது சிக்குப்பட்டிருப்பதைக் கண்டான். பின்னால் இருந்தவன் நெருக்கமாக வேறு நிறுத்தி விட்டிருந்தான்.

அவன் நினைத்த மாதிரியே அவனுடைய முறை வந்த போது காரை சுற்றி பார்த்து விட்டு "எத்தனை நாளிலே பம்பரை திருத்துவாய்?"எனக் கேட்டார்.

"ஒரு கிழமையாவது வேணும்"என்று இழுக்க அப்படியே எழுதி ,"திருத்திப் போட்டு எனக்கு போன் பண்ணு"என்று வெள்ளை டிக்கற் ஒன்றை எழுதிக் கொடுத்தான்.

காட்டா விட்டால் அபராத டிக்கற்றாக தபாலில் அனுப்பி விடுவான். இது கராஜ் காரனின் பிரச்சனை. அந்த 10 டொலர் தாளை தானே வைத்திருக்க முதலில் நினைத்தான் இல்லையா?அதற்கு வழங்கப்படுகிற சிறு தண்டனை போல தோன்றியது

மாறுதலாக சிலவேளை, 'இந்த குளிரிலும் நிற்கிறானே'என்று அவனே மனமிரங்கி பிச்சைக்காரனுக்கு சுயமாக 5 டொலர் போட்டிருக்கிறான். அப்படியான சமயங்களில், கடவுள் கூரை பொத்திக் கொண்டு தருவது போல, வீதியிலே போய்க் கொண்டிருக்கிறவர்கள் யாரோ சிலர், அவனுடைய காரை வலிய கூப்பிட்டு "மிசிசாகவிற்கு விடு, ஹமில்ற்றனுக்கு விடு" ஏறி விட்டிருக்கிறார்கள்.

இப்படியான அனுபவங்களினால், அவனுக்கு கடவுளோட விளையாட பயமும் இருக்கிறது. இப்பவெல்லாம். அதோட ,' 'நம் விடுதலை போராட்டத்தில் போர்த் தர்மங்களை மீறாமல் தொடர்ந்து முயற்சித்தால் கடவுளும் 'தமிழீழ'த்தையும்

கிடைக்கச் செய்வார்'என்ற நம்பிக்கையும் துளிர் விடுகிறது.

' கார்', ஓடு ஓடு என ஓடியதால் ஊத்தை ஏறி போய் விட்டிருந்தது.கழுவுவோம் என கொயின் கார்வோஸ் நிலையம் ஒன்றுக்குள் விட்டான்.காரினுள் காலுக்குக் கீழே போடுற 'றபர் மாற்'களை எடுக்கிற போது முன் கார் சீட்-டுக்குக் கீழே ஒரு '20 டொலர் தாள்' இருந்து சிரித்தது. மறுபடியும் ஒரு சோதனையா?

இரவுக்கார ஓட்டி தவற விட்டிருக்கிறான்.இவன் நெடுக தவற விடுறவன். சலிப்பாக இருந்தது.

ஒருகணம், அவனுக்கு தெரியவா போகிறது? நானே ..வைத்துக் கொள்வோமா?என்றது குரங்கு மனம் .

ஆசைப்பட்டு விடாதே அப்பனே !உள்ளே உறங்கிறவன், எழும்பி வந்து ,கோர்ட் கேஸ் எல்லாம் நடத்தப் போகி-றான்.பதில் சொல்லி மாளாது, வேண்டாம்,காராஜ் காரனி-டமே,"இதை நைட் ரைவர் காரிலே தவற விட்டிருக்கி-றான்"என்று சொல்லி கொடுத்து விடு" என கெதியிலே முடிவெடுத்துக் கொண்டான்."

கிடைக்கும்,ஆனால், எட்டாத ராசி !" 'தர்மங்களுடன் நடத்தப் படுற போராட்டம் லேசுபட்டதில்லையப்பா'என்று தனக்குள் சொல்லிக் கொண்டான்.

சிறிலங்காவில்,சிங்களவர்கள் எப்பவும் பெயிலாகி விடுகிற சமாச்சாரம்.

நம் மண்ணும் ஒரு காலத்தில் நமக்கு கிடைக்கத் தான் போகிறது .காரைகழுவி வெளியில் கொண்டு வர,ஒரு வயசான பெண்" டாக்சி, டாக்சி"என கையைக் காட்டி மறித்தார்.

நிறுத்தி ஏறிய பிறகு"எங்கே போக வேண்டும்?"கேட்டான். வெஸ்ரன் அன்ட் லோரண்ஸ்"என்றார்.காரை செலுத்தி-னான். இறங்கி போய் விடுவார் என நினைக்க"வெயிற் பண்ணு"என்று விட்டு பார்மசிக்கடை ஒன்றிற்குள் சென்ற-வர்,2 நிமிசமும் இருக்காது திரும்பி வந்தவர்,"ரோயல்யோர்க் அன்ட் குயின்ஸ்வேக்கு விடு"என்றார்.பெரிய ரிப்.50 டொலர்

மட்டிலே வரப் போகிறது.

இதை கடவுளிட வேலை என்னாமல் என்னவென்பது. நீங்களும் ஹோம்லெஸ் காரருக்கு ஒருக்காய் காசைப் போட தீர்மானித்துப், போட்டுப் பாருங்கள். அல்லது நேர்மையாய் நடவுங்கள்.உங்களுக்கும் விரைவில் கடவுள், ஏதோவொரு வழியில் உதவியோ,அல்லது பணமோ கிடைக்கச் செய்வார் .

அங்கங்கே பெய்கிற மழை நீர் ஓடி ஓடிச் சேர்ந்து குளத்திலோ,கடலிலோ சேர்வது போல இப்படி இப்படி பல தனி மனிதர்களுக்கு ஏற்பட்ட, ஏற்படுற அனுபங்களின் தொகுப்பு தான், இன்று ‘பைபிளாகவும் ,குர்ரானாகவும்,இந்து சமய நூல்களாகவும் ஆகி மதமாகி இருக்குமோ? என்றும் அவனுக்கு தோன்றுகிறது. உங்களுக்கு என்ன தோன்றுகிறது?

10. நூறு ருபாய் நோட்டு

- ஜி. சிவக்குமார்

டேய் சிவா என்ற குரல் அத்தனை வாகன இரைச்சல்களையும் கடந்து என்னைத் தாக்கியது.

திரும்பிப் பார்த்தேன்.

எதிர் திசையில் கோபால். பால்யத்தில் என் பக்கத்து வீட்டில் குடியிருந்தார்கள்.

நில்லு. நானே அங்க வர்றேன்.

சாலையைக் கடந்து அருகில் வந்து என்ன சிவா எப்படியிருக்க என்ற கோபாலின் கன்னங்கள் ஒட்டியிருந்தன. இடுங்கின கண்கள். வியர்வையில் ஊறிய முகம்.

நல்லாயிருக்கேன்.நீங்க எப்படியிருக்கீங்க என்றேன்.

ஏதோ இருக்கேன். பாச்சலூர்லதான் இருக்கேன். பழனிக்கு வந்தா உன்னை விசாரிப்பேன். வீட்ல அப்பா எல்லாம் நல்லாருக்காங்களா?

ம்.

நீ கவர்மென்ட்ல ஆபீஸரா இருக்கேன்னு மணி சொன்னான். சந்தோசம்டா ரொம்ப சந்தோசம். நாங்கள்லாம் படிக்கல. நீ நல்லா படிச்ச. ரெண்டு குழந்தைங்க. வீட்ல அடிக்கடி உடம்பு முடியாம போகுது. எனக்கும் வயசாச்சு.சிரமந்தான். ஏதோ வண்டி ஓடுது.

கோபால் பேசப் பேச, சரசரவென எனக்குள் ஊர்ந்து படமெடுத்தது ஒரு எண்ணம். பணம் கேட்கப் போகிறாரோ?

சட்டென்று அத்தனை புலன்களும் விழித்துக் கொள்ள, உடல் இறுகியது. கொடுக்காமலும் இருக்க முடியாது. சரி. அப்படியே கொடுத்தாலும், நூறு ருபாய்க்கு மேல் தரக் கூடாது.

எல்லாம் ஒரே குடும்பமா இருந்தோம். இப்ப அது மாதிரி யாரிருக்கா. பத்து வருஷமானாலும் பக்கத்து வீட்டுக்காரன் சிரிக்க மாட்டேங்கிறான்.

சிவா, செலவுக்கு காசில்ல கொஞ்சம் பணம் கொடு என்று கோபால் கேட்பதை எதிர்பார்த்துக் காத்திருந்தேன்.

சட்டைப்பாக்கெட்டினுள் கை விட்டு பணத்தை எடுத்து என் கையில் வைத்து, வீட்டுக்கு வர முடியல. குழந்தைகளுக்கு ஏதாவது வாங்கிக் கொடு என்றதும் உறைந்து போனேன்.

இதெல்லாம் எதுக்கு? பலவீனமாய் ஒலித்தது என் குரல்.

அட வைப்பா. என்ன லட்சக் கணக்கிலயா கொடுத்திட்டேன். ஏதோ என்னால ஆனது. வரட்டுமா, வீட்ல எல்லாரையும் கேட்டதா சொல்லு என்றபடி கோபால் போனதும் கையைப் பார்த்தேன்.

நடுங்கிக் கொண்டிருந்த கையினுள் தணலென மின்னியது நூறு ருபாய் நோட்டு.

11. காணாமற்போன நோட்டுகள்

- எம்.எஸ்.கிருஷ்ணஸ்வாமி அய்யர்

“அடே, ஸுந்தரம், கைப்பெட்டியை எடுத்துக்கொண்டு வா, கணக்கு எழுதவேணும். உன்னிடத்திலிருந்த மைக் கூட்டையும் பேனாவையுங்கூடக் கொண்டுவா”

“இதோ கொண்டுவந்து விட்டேனப்பா. பெட்டித் திறவு கோல் உங்களிடத்தி லிருக்கிறதோ?”

“என்னிடமில்லை. அலமாரியிலிருக்கும், எடுத்துக் கொண்டுவா.”

ஒரு சிறுபையன், 16 வயதிருக்கும், தனது உடம்பை வளைத்துக்கொண்டு மிகவும் சிரமத்துடன் ஒரு பெரிய கனமான பெட்டியைத் தூக்கிக்கொண்டுவந்து தன் தந்தை முன்பாகத் தரையில் வைத்துவிட்டு, அவர்கேட்ட மற்ற மைக்கூடுபேனாவையும் கொடுத்துவிட்டு, வீட்டில் ஒரு அறைக்குள் போய்வாசித்துக் கொண்டிருந்தான்.

பெரியவர், பையனுடைய தகப்பனார், பெட்டியைத் திறந்து, இரண்டு நிமிஷநேரம் அதிலுள்ள கடிதம் முதலிய-வைகளை எல்லாம் கீழே எடுத்து வைப்பதில் செலவழித்துப் பின்பு மறுபடியும், “அடே, ஸுந்தரம், இங்கேவா,” என்றார்.

பையன் அவர் முன்னால் வந்து, “என் அப்பா; கூப்பிட்-டீர்கள்?” என்றான்.

“காலையிலே பெட்டியைத் திறந்தாயா?”

“இல்லையே.”“நிஜத்தைச் சொல்”.

“நான் எதற்காகத் திறக்கிறேன்? நீங்கள் ஒன்றும் திறக்-கும்படி சொல்லவில்லையே, பெட்டியில் காசிருக்கா, பணமி-ருக்கா? நான் ஏன் திறக்கிறேன்?”

“அதிலே தானடா பணம் வைத்திருந்தேன் நோட்டாக மாற்றிவைத்திருந்தேன். அதை நீ எடுத்தாயா?”

“இன்றையதினம் அந்த அறைப்பக்கம் போகவேயில்-லையே. காலையிலே கோவிந்தன் வீட்டிற்குப் போய் வ்யா-ஸம் எழுதிவிட்டு அதைக் கொண்டு வந்து இங்கு எங்-கேயோ. வைத்து விட்டேன், அதைக்காணோம், இது வரை-யில் தேடிப் பார்த்தவண்ணமாயிருக்கிறேன். பெட்டியைத் திறந்தேனா என்கிறீர்கள்.”

“பின் அந்த உள்ளே யார்தான் போனார்?”

“அந்தப் பெண் இருக்கிற பக்ஷணத்தை யெல்லாம் தின்று விடுகிறதென்று தான், அம்மா காலை முதல்கொண்டு அந்த உள்ளைப் பூட்டி வைத்திருந்தாளே.”

“என்னடாது, வைத்திருந்த பணம் எங்கேயடா போய் விடும்?”

“எவ்வளவு பணம் வைத்திருந்தீர்கள்?”

“உன் அம்மாவைக் கூப்பிடு, ஏய் இங்கே வா.”

ஸுமார் முப்பத்தைந்து வயதுள்ள ஒர் மாது மெதுவாய் நடந்துவந்து “எதுக்குக் கூப்பிட்டீர்கள்?” என்று சொல்லிக் கொண்டு அவர் முன்னிலையில் நின்றாள்.

“நீ பெட்டியைத் திறந்தாயா?”

“நான் என்னத்திற்காகத் திறக்கிறேன்.”

“நேற்றையதினம் குப்பய்யரிடம் 500 ரூபாய் கடன் வாங்கப் போகிறேன் என்று சொன்னேனல்லவா? அதை நோட்டாகவே வாங்கிக்கொண்டு வந்து பெட்டியில் வைத்தேன். இப்பொழுது திறந்து பார்த்தால் பணத்தைக் காணோம்.”

“காலை முதல்கொண்டு இரண்டு நாழிகைக்கு முன்னால் வரையிலும் கதவு பூட்டித்தான் இருந்தது. ராஜம் கூட அந்த உள்ளே போகவில்லை.”

“பின்னே பணம் போன வழி?”

“பெட்டியில் வைத்திருந்தால் பெட்டியில் தானே இருக்கும்,” என்றான் பையன். “பெட்டியை நன்றாய்ப் பாருங்கள். நோட்டுதானே, கடிதாசோடு கலந்திருக்கும், தெரியாது.” என்று பையன் சொல்லவே தந்தையும் தனயனுமாக பெட்டியைச் சோதிக்கலானார்கள். தாயாரும் இவர்களைக் கவனித்துக் கொண்டு நின்றாள். கொஞ்சதூரத்தில் அடக்க ஒடுக்கமாய் ரொம்ப லக்ஷணமுள்ள ஒரு சிறுபெண், 13 வயதிருக்கும், நின்றுகொண்டு முன் சொன்ன மூவரையும் பார்த்துக் கொண்டிருந்தாள். பெட்டியைத் தேடினது பயன்படாமல் போயிற்று.

“வேறு எங்கேயாவது வைத்தீர்களோ?” என்று கேட்டாள் பெரியவரின் மனைவி.

“வேறு எங்கேயும் வைக்கவில்லையே. குப்பய்யர், தாம் அதிகாலையில் வெளியில் போவதாயும், ஆகையால் தம்மை எழுப்ப வரவேண்டும், அப்படி வந்தால்தான் பணம் கொடுக்க முடியும், இல்லாவிட்டால் தாம் ஊருக்குப்போய் வரப் பத்து நாள் சொல்லுமென்று சொன்னார். காலையிலே போய் வாங்கிக் கொண்டு வந்தேன். நீ காவேரிக்குப் போய்விட்-டாய். இந்த அறையின் கதவு பூட்டியிருந்தது. சாவிக்காகத் தேடினேன். கதவு நிலை மேலிருந்தது. திறந்து நோட்டுக-ளைப் பெட்டியில் வைத்துப் பூட்டி பழையபடி அறையைப் பூட்டி விட்டுத் திறவு கோலை இருந்த விடத்தில் வைத்-துவிட்டுப் போய்விட்டேன். அடே நீ ஏதாவது எடுத்தாயா? சொல்.”

“நான் ஏதற்காகப்பா, எடுக்கிறேன். எனக்கென்ன செலவு?”

“ட்ராமா, கூத்து, ஸர்க்கஸ், எதற்காகவாவது வேண்டு மென்று எடுத்துக் கொண்டாயோ? மணியகார் பிள்ளை 15 ரூபாய் எடுத்துக் கொண்டு பட்டணம் ஓடினானே, அது மாதிரி நீயும் எங்கேயாவது-“.

“நானும் என்ன சிறுபயலா, அப்படி ஓட’ வைத்திருந்தால் அந்தப் பெட்டியில்தானே இருக்கும். நான் பார்க்கிறேன்.” என்று சொல்லிக்கொண்டே பெட்டியை மறுபடியும் சோதிக்-கலானான். தந்தையார் சிறுவர்களுக்குப் பொதுவாயுள்ள அயோக்யதையைப்பற்றிக் கொஞ்சம் பரஸங்கம் செய்துவிட்டு பணத்தை யிழந்ததற்காக மிகவும் துக்கப்பட்டுக்கொண்டி-ருந்தாா. ரூ.500 ஒரு ஏழைக் குடும்பத்துக்கு நஷ்டமா-வதென்றால் அது அவர்களால் ஸகிக்கக் கூடியதல்லவே. தமது துக்கத்தை சொல்லாலும் செய்கையாலும் வெளிப்-படுத்தி தமது பையன்தான் அப்பணத்தை எடுத்தொளித்-திருக்கவேண்டு மென்று குற்றம் சாட்டினார். இந்த முறை பையன் பதில் சொல்லவில்லை. அவன் மிக ச்ரத்தையாய்

கடிதங்களைப் புரட்டிக்கொண்டிருந்தான். தாய் பிரமித்தவளாய் நின்றுகொண்டு கணவனையும் குமாரனையும் பார்த்துக் கண்ணீர் வீட்டழுதாள். எட்டி நின்றிருந்த சிறு பெண்ணும் சிறிது அருகினில் வந்து நடப்பவைகளை கவனித்தாள்.

"என்னுடைய வ்யாஸம் அகப்பட்டது. இதெப்படி வந்ததிங்கே ? நான் கூடத்திலல்லவா வைத்திருந்தேன். இதை யார் பெட்டியில் வைத்தார்."

அவர்களெல்லாரும் சிறிது பிரமை கொண்டார்கள்.

"நீ கொண்டுவந்த கடிதம் நீதானேடா இதில் வைத்திருக்க வேண்டும்? நான் எப்படி வைத்திருக்க முடியும்? இப்பொழுது உண்மையைச் சொல்லிவிடு. நோட்டுகளை எங்கே வைத்திருக்கிறாய் ? நோட்டுகளை எடுக்கிற அவஸரத்தில் வ்யாஸத்தைப் பெட்டியில் வைத்திருக்கிறாய். நோட்டுகளைக் கொண்டுவந்து கொடுத்துவிடு." என்றார் தகப்பனார். பையன் தனக்கொன்றுமே தெரியாதென்று சாதித்தான். தனது வ்யாஸத்தை யாரோ பெட்டியில் வைத்து விட்டார்களென்றும் குறைகூறினான். "அது நம்பத்தக்கதா யில்லையே. இதைவிட வேறே என்ன ருஜுவேண்டும், நீ எடுத்தாயென்பதற்கு.போகிறது ; உடனே தெரிந்ததே. நீ எடுத்துக்கொண்டு எங்கேயாவது கம்பி நீட்டிவிட்டால்." என்றார் தகப்பனார். என்ன சொல்லியும் பையன் தான் எடுக்கவில்லை யென்றான். பயமுறுத்தினார்கள். வைதார்கள். செஞ்சினார்கள். அடித்தார். ஒன்றுக்கும் அவன் தான் எடுத்ததாக ஒப்புக்கொள்ளவில்லை.

இதற்குள் ஜனக்கூட்டம் கூடிவிட்டது. ஸங்கதி தெரிந்தவுடன் சிலர், "ஸுந்தரம் அப்படி எடுக்கப்பட்டவ னல்லவே. அவன் ரொம்ப யோக்யனாயிற்றே. அவனை விசாரிக்காமல் என் அடிக்கவேண்டும்" என்றார்கள். சிலர் "வேறென்ன ஸாக்ஷி வேண்டும். இதுதான் நன்றாய் வ்யக்தமாய்த் தெரிகிறதே. பெட்டியைத் திறந்திருக்கிறான். நோட்டுகளைக் கண்டவுடன் அதை எடுத்துக்கொண்டு பெட்டியைப் பூட்டும் அவஸரத்தில் தனது வ்யாஸமா? அதென்ன காம்போசினா?

அதை வைத்து விட்டு வந்துவிட்டான். வெட்ட வெளிச்சமாய்த் தெரிகிறதே" என்றார்கள்.

ஸூந்தரம் தற்கால நாகரீகம் மிகுதியும் வாய்ந்த பையனாக விருந்தால், தான் அப்பணத்தை எடுத்தாலுஞ் சரி, எடுக்கா விட்டாலுஞ் சரி, தனது தந்தை இவ்வளவு தொந்தரை செய்ததற்கு ஒன்று, தந்தையுடன் எதிர்த்துப் போராடியிருப்பான்; அல்லது சண்டை தொடங்கின உடனே எங்கேனும் ஓடியிருப்பான். இவ்விதம் நல்ல பூசை பெற்றுக்கொண்டு அவர் சொல்லும் வசை மொழிகளைக் கேட்டுக்கொண்டிருக்கமாட்டான். ஸூந்தரத்தின் தாயும் பிள்ளையினுடைய செய்கைக்கு மிகவும் வாடி அவனுக்குச் சிலவசை மொழிகள் கூறினாள். பெற்றோர்கள் கூறிய மொழிகள் சொன்னபடி பலிதமாயிருந்தால், பையன் அன்று ஒரே நாளில் பலமுறையும் பல காரணங்களால் இறந்து மீண்டும் மீண்டும் உயிர்த்திருக்கவேண்டும். இருவரும் தன்னை நிர்ப்பந்திக்கிறதைப் பொறுக்கமாட்டாமல் வீட்டின் பல விடங்களிலும் தப்பிப்போய் எட்டி நின்றான். என்ன செய்தென்ன அவர்கள் கோபம் அடங்குவதாயில்லை. தந்தையார் "உள்ளம் கவர்ந்தெழுந்தோங்கு சினம்" அடக்க இயலாதவராய் ஒரு பெரும் தடிகொண்டு தலையில் நையப் புடைத்து ரக்திகாயம் உண்டு பண்ணி ஓரிடத்தில் உட்கார்ந்து இளைப்பாறினார்.

பையன் கொல்லைக் கூடத்தில் விழுந்து கிடக்கிறான். தந்தை வாயிற் புறத்தில் உட்கார்ந்து வாய் புதைத்துக் கண்ணீர் விடுகிறார். தாய் கூடத்தில் தூணேடு சாய்ந்து தேம்புகிறாள். 500 ரூபாய் என்பது குறைந்த தொகை யல்லவே!

அந்தச் சிறிய பெண் மாத்திரம் அடிபட்டுக் கிடக்கும் ஸூந்தரத்தினிடம் சென்று அங்கு நின்றாள். அப்பொழுது ஸூந்தாம் "அப்பா! என் ஜீவன் போகவில்லையே ! இதற்காகவா பிள்ளை பிறந்தேன். ஒன்று மறியாத எனக்கு இவ்வளவு ஏன் வரவேண்டும்? ஜகதீசா!" என்று சொல்லித் திரும்புகையில் பெண் நிற்பதைப் பார்த்து, "ராஜம், ஒரு கந்-

தைத்துணியும், ஜலமும் சிறிது சர்க்கரையும் கொண்டுவா,
என் கண்ணே, நீயாவது எனக்குதவியாயிரு" என்று பரிதாப-
மாய் சொல்ல, அதற்கு முன் அவனுடன் பேசியறியாத அப்-
பெண், "இதோ கொண்டு வந்து விட்டேன்" என்று சொல்-
லிக் கண்ணீர் விட்டு வருத்தப்பட்டுக் கொண்டே உள்ளே
சென்று வேண்டியவற்றைக் கொணர்ந்து அவனுடைய
காயங்களை அலம்பிச்சர்க்கரை வைத்து ரத்தம் வராதபடி
துணியால் கட்டி அவனுக்கு வேண்டிய சிச்ரூஷை செய்-
தாள். "எனக்குத் தாகமாயிருக்கிறது. கொஞ்சம் தீர்த்தம்
கொண்டுவா", என்றான் பையன். அவளும் சீக்கிரம்
கொண்டுவந்து கொடுத்தாள். "எனது வேஷ்டி ஒன்றும்
மேல்துண்டு ஒன்றும் கொண்டுவா". அவைகளையும்
கொண்டுவந்து கொடுக்கவே, "ராஜம், நான் போய் வருகி-
றேன். இந்த வீட்டில் இருக்க எனக்கு இஷ்டமில்லை. திரு-
டன் என்று பேர் வைத்துக்கொண்டு இங்கு இருக்கலாமா?
நானோ அதில் ஒரு தூசு கூட அறியேன். என் தகப்பனார்-
தான் என்னவோ என்பேரில் ஸந்தேகப்பட்டு விட்டார், நீ
மாத்திரம் என்பேரில் ஸந்தேகம் கொள்ளாதே. நான் பொய்
சொல்ல வில்லை. நான் ஒன்று மறியேன்."

இவைகளை அவன் சொன்ன பிறகு ஒரு நிமிஷம் ஒரு-
வரும் பேசவில்லை. பெண் பேச முயன்றாள். மறுபடி சொற்-
களை மனஸிற்குள் அடக்கிக் கொண்டாள். மனம் ஸமா-
தானம் கொள்ளவில்லை. பின்பு தைர்யம் கொண்டவளாய்,
"நீங்கள் எங்கு போகிறீர்கள்? நீங்கள் போய்விட்டால், எனக்-
கார் துணை?" என்று தடுமாற்றத்துடன் கேட்டாள்.

"கதி இல்லாதவனுக்கு இன்ன இடம் என்றுண்டா? மனம்
போன போக்கெல்லாம் போகவேண்டியதுதான். உனக்கு உன்
மாமா இருக்கிறார், மாமி இருக்கிறாள்."

"அப்படிச் சொல்லலாமா. நீங்களல்லவா எனக்குத்
துணைவர். நீங்களல்லவா- "

"அதெல்லாம் ஒன்றும் சொல்லாதே. உனக்கு மாங்கல்ய
பலம் ரொம்ப அதிகம். உனக்கு அத்ருஷ்ட மிருந்தால் நான்

திரும்பி வருகிறேன். இல்லாவிட்டால் என்னைக்காண முடி-யாது. அவருக்குக் கோபம் தணிந்து நான் வரவேண்டு-மென்று விரும்பினால் அப்பொழுது பார்த்துக்கொள்வோம். என்னிடத்தில் ஒரு காசும் இல்லை. 500 ரூபாய் திருடின-தாக மாத்திரம் பேர். ஈசா, என்னை இப்படிக் கஷ்டப் படுத்-துவாயா.''

``என்னிடம் ஒரு ரூபாயிருக்கிறது'' என்று சொல்லியதைக் கொண்டு வந்து கொடுத்தாள் ராஜர். அவன் அதை வாங்-கிக் கொண்டு, ``நீ தான் ஆபத்துக்காலத்தில் உதவுகிறவள்'' என்று சொல்லி அவளைத் தன் பக்கமணைத்து ஒரு முத்தம் கொடுத்து. விட்டுக் கொல்லைப்புறமாய்ப் போய்விட்டான். அவளும் அவன் செல்வதைப் பார்த்துக்கொண்டே நின்று கொண்டிருந்தாள்.

II

முதற் பிரிவில் கூறிய ஸம்பவங்கள் நடந்து ஸுமார் இரண்டு வருஷத்துக்கு மேலாயிற்று. அதே வீட்டில் வாயி-லில் ரண்டொரு பரங்கிப் பூ வாடிக்கிடந்தன. கோலங்கள் சிறுவர்களால் அழிக்கப்பட்டு அலங்கோல மடைந்திருந்தன. ஆசிரியராகிய நாம் அவ் வீட்டுக்குள் பாவனை யென்னும் உடலத்துடன் சென்ற போது மாலையில் 25 நாழிகைப் பொழுதிருக்கலாம். வீட்டிலுள்ளோர், மூவர், கூடத்திலிருந்-தார்கள். அவர்களுள் ஒருவரே புருஷர். அவர் தரையில் ஓர் ஆஸனப் பலகையில் உட்கார்ந்திருந்தார். ஓர் மாது, அவர் மனைவி, சிறிது தூரத்தில் நின்றுகொண்டிருந்தாள். ஓர் பெண், 15 வயதிருக்கும், ஓர் மூலையில் ஒரு பெரிய புஸ்தகத்தை வைத்துக் கொண்டு வெறித்த நோக்குடன் உட்-கார்ந்திருந்தாள். இவர்கள் யாவரென நாம் கூறவேண்டுவ தவசியமில்லை.

``அவனால் நமக்கு உண்டான கஷ்டம் இவ்வளவு அவ்-வளவல்ல.'' என்றார் ராமய்யர். ``அவன் போனது முதற் கொண்டு கஷ்டத்துக்கு மேல் கஷ்டம் வந்துகொண்டிருக்கி-றது.''

“என்ன செய்கிறது. தலைவிதி” என்றாள் அவர் மனைவி.

“தலைவிதி பணத்தை எடுக்கச் சொல்லிற்றா? ஆனமட்டும் கேட்டேனே. கெஞ்சினேனே. ஒன்றுக்கும் அசையவில்லையே.”

“அதுவும் அவன் தலைவிதிதான்.”

“மணியகாரருக்குப் பணம் கொடுக்க வேண்டுமென்று 500 ரூபாய் கடன் வாங்கினேன். அதுவும் போயிற்று. ஐந்நூறும் ஐந்நூறும் ஆயிரமாயிற்று. அதற்கு வட்டி இருநூறு ரூபாய். அவர்கள் பணத்தைக் கொடு என்று அரித்தார்கள். என்ன செய்கிறது! நிலத்தை எல்லாம் விற்றாயிற்று. ஈட்டுக்கடன் பேரில் பணம் கொடு என்று யாரைக்கேட்டாலும் பணமில்லை என்றார்கள். போக்யம் வைக்கவும் ஸம்மதப்படவில்லை. நிலம் விற்றாயிற்று, என்ன செய்கிறது? அதுவும் நமது தலைவிதி.” என்று பெரியவர் தமது தலையில் மனம் கசிந்து அடித்துக்கொண்டார். அவர் மனைவி கண்ணீர்விட்டுத் துக்கித்தாள்.

“சோற்றுக்குத் திண்டாட்டமாய்ப் போகவே நகை யெல்லாம் விற்றோம். பாத்திரங்கள் முதலியவற்றை யெல்லாம் விற்றோம். ஆயிற்று அந்தப் பணமும். இன்றோடு தீர்ந்து விட்டது. போகிப் பண்டிகையுடன் கைப்பணம் ஆஸ்தியெல்லாம் தீர்ந்தது. வீட்டையோ தொடுவதற்கில்லை. அதன் மேலுள்ள கடனோ தினம் வளர்ந்துகொண்டிருக்கிறது எருமை மாடோ செத்துப்போய் விட்டது. நாளை ஸங்கராந்தி பொங்கலுக்கு ஸாயான் வேண்டுமே, பணத்துக்கென்ன செய்வது,” என்றிப் படியாகப் பலவிதமாக புருஷனும் பெண்சாதியும் வெகு நேரம் அங்கலாய்த்து விட்டு,

“அவனுக்கு ஆயுஸு பலம் ரொம்ப இருக்கிறது. நாளைக்கு ஸங்கராந்தி இல்லாவிட்டால் அசுபமென்றல்லவா எண்ண வேண்டும்” என்றார்.

இந்தப் பேச்சுகளை யெல்லாம் கேட்டிருந்த நமது கதாநாயகி “மாமா, அசுபம் வரவேண்டாம். என்னிடம் ஒரு

ரூபாய் இருக்கிறது. அதைத் தருகிறேன். நாளையதினம் ஸங்க்ராந்தி நடக்கட்டும். அசுபமான பேச்சே வரவேண்டாம். அதைக் கேட்க என் மனம் என்னவோ போலிருக்கிறது'' என்று சொல்லி உள்ளே சென்று தனது சிறிய பெட்டியி-லிருந்து ஒரு ரூபாயை எடுத்துக் கொண்டு வந்து தனது மாமனாரிடம் கொடுத்தாள்.

ராமய்யர் அதைப் பெற்றுக் கண்ணில் ஒற்றி, ''நாளைய தினம் சுபதினமாகவே இருக்கட்டும்'' என்று ஸந்தோஷத்து-டன் கூறினார்.

''அப்படியே யாகட்டும்'' என்று அவர் மனைவியும் மொழிந்தாள்.

''சீதா போன போது, ராஜம் சிறு பெண். 'அண்ணா, என் பெண்ணுக்கு உன்னைத் தவிர வேறு யாவரும் பந்-துக்களில்லை. என் புக்ககத்தில் எல்லாரும் எனக்கு வேண்-டாதவர்கள். அவர்களும் நெருங்கின பந்துவல்ல. என் பெண்ணை நீ தான் காப்பாற்றவேண்டும். நம்ம ஸுந்தரத்-துக்கு அவளைக் கொடுத்துவிடு. ஒன்றுக்குள் ஒன்றாயிருக்-கட்டும். நான் வேண்டிக் கொள்வது அதுதான். ஸுந்தரமும் ராஜமும் அகமுடையான் பெண்சாதி யாயிருப்பார்கள் என்று நீ வாக்குக் கொடுத்தால் நான் சந்தோஷமாய் உயிர் விடு-வேன்' என்றாள். நானும் 'அப்படியே ஆகட்டும். ஸுந்த-ரத்துக்கு ராஜத்தையே கல்யாணம் செய்து வைக்கிறேன், நீ ஒன்றுக்கும் யோசிக்காதே. என் பெண்ணைப்போல் பாவிக்கி-றேன். என்னகமுடையாளும் அப்படியே ஒன்றுக்குள் ஒன்று ஸம்பந்தம் செய்யவேண்டு மென்கிறாள்' என்றேன். அதன் படியே நடந்தது. அவன் ஓடிவிட்டானே. யோக்யனென்று நினைத்தேன். பாவிப் பயல் மோசம் செய்து விட்டானே.''

''மாமா, அப்படி ஒன்றும் சொல்லாதேயுங்கள். அவரைப் பற்றி ஒன்றும் சொல்லாதேயுங்கள். எனக்கு வருத்தமாயிருக்-கிறது. அவரைப்பற்றி ஏதாவது சொன்னால் என் மனம் ஸங்-கடமடைகிறது'' என்று அழுது சொல்லிக்கொண்டே அவ்-விடம் விட்டு அகன்று சென்றாள். பையனின் பெற்றோரும்

சிறிது நேரம் துக்கித்துவிட்டு தங்கள் கார்யத்தில் கவனம் செலுத்தலானார்கள்.

அன்றிரவு ராஜத்துக்கு மிகவும் சிரமமாய் விட்டது. அவள் தன் கணவனை விட்டுப் பிரிந்தது முதல் துக்கத்திலேயே மூழ்கிக் கிடந்தாள். தன் கணவனைப் பிரிந்தது முதல் அவன் சொன்ன சொற்களை நினைந்து நினைந்து வருந்தினாள். கணவனைப் பிரிந்தால் என்ன கெடுதி என்று எண்ணிப் பார்த்துவளல்ல. ஏதோ ஒரு பீதி, இன்னதென்று இயம்ப இயலாதது அவள் மனதில் குடி கொண்டது. ஒரு வருஷம் கழித்து அவள் ருதுவாகி மனம் விசாலமடைந்ததும், அவள் பய மதிகரிக்கலாயிற்று. ருதுவாகாத விதவைகளும் பக்வமடைந்து கணவனை யிழந்தவர்களும், இன்னம் மற்ற அமங்கலிகளும், அமங்கலமானவர்கள் என்று பிறரால் தூற்றப்பட்டு சுப காரியங்களில் கலக்கப் பெறாமல் தனித்து நிற்பதை யறிய அவளுக்குக் சவலைக் கிடமாயிற்று. தன் கதியும் அவ்வாறாகுமோ என ஏங்கினாள். பிற பெண்கள் தம் கணவனுடன் உல்லாஸமாய்க் காலங்கழித்து வருவதைக் கண்டும் கேட்டும் புஸ்தகங்களில் வாசித்தும் காதல் நோயின்னதென ஒருவாறு மனதில் பாவிக்கவே அந்நோய் ஒரு புறம் சில ஸமயம் வாட்டலாயிற்று. இவ்வாறு இருவகையிலும் மனந்தளர்ந்து ஸந்தோஷம் தவிர்ந்து கவலை மேலிட்டவளாய் வருந்தினாள். தன் கணவனுடைய உண்மையான நிலைமையை அறிய இயலாதவளாய் ஏங்கலானாள். அவருடைய தந்தையும் தாயும் பல தடவைகளில் அவரைப்பற்றி தூஷிப்பது பொறுக்காமல் அவர்களிருக்குமிடம் விட்டு விலகி வேறு இடத்துக்குச் சென்று கண்ணீர்விட்டழுவாள். "'நீ மாத்திரம் என்பேரில் ஸந்தேகப்படாதே; நான் பொய் சொல்லவில்லை' என்றாரே. அவர் என்னிடத்தில் ஏன் பொய் சொல்லவேண்டும். ஊரைவிட்டோடும்போதும் தம்மிடம் பணம் கொஞ்சமுமில்லை என்றாரே. நான் கொடுத்த ரூபாயை அன்புடன் ஏற்றுக்கொண்டாரே. அவரா திருடக் கூடியவர்? இவர்கள் தான் என்ன

முரட்டுத்தனமாய் பழி வார்த்தை சொல்லுகிறார்கள்'' என்றிவ்வாறு புலம்புவாள். ஸுந்தரம் அவளிடம் விடை பெற்றுச் செல்லுங்கால் அவளுக்குக் கொடுத்துப்போன ப்ரதி யுபகாரத்தை நினைக்கும்போதெல்லாம் அவளுக்கு வருத்த முண்டாகும். அவரைத் திரும்பவும் காணும் பாக்யம் எப்பொழுது கிடைக்கும் என்றேங்குவாள்.

பெற்றோர்களும் சிறிது சிறிதாக தங்களுடைய புத்ரன் மேல் உள்ள கோபத்தை யொழித்து அவன் ஒடிவிட்டதற்காக வருத்தப்பட்டார்கள். "அவன் திரும்பி வந்துவிட்டால் போதுமே. எப்படியாவது பிச்சை எடுத்தாவது ஜீவிக்கலாமே. அவனைக் காணாமல் என்மனம் படும்பாடு இவ்வளவு அவ்வளவல்லவே'', என்று ஊரில் பலரிடத்தும் சொல்லி வருவார்கள்.

ராஜம் அன்றிரவு நித்திரையே கொள்ளவில்லை. படுக்கை கையில் புரண்டு அழுதாள். தன் விதியை நொந்தாள். ஸுந்தரத்தை நினைந்து உருகினாள். அவன் கூறிப்போன மொழிகளை எண்ணி வருந்தினாள். "நான் அத்ருஷ்டசாலியானால் இந்த 2 வருஷ காலத்துக்குள் திரும்பிவந்துவிட மாட்டாரா! அவர் சொன்ன வார்த்தைகளெல்லாம் வீண் வார்த்தைகளெனத் தோன்றுகிறது. இனிமேல் வரப்போகிறதைப்பற்றி யார் என்ன சொல்ல முடியும். அவர் சொன்னவை யெல்லாம் எனக்குத் தேறுதலாகச் சொன்ன வார்த்தைகள்'' என்று எண்ணி மனங் கசிந்தாள். இப்படிப் பலவிதமாக எண்ணி தான் பூமியிலிருப்பது பாரமாதலால் தனது நல்ல நிலைமையிலேயே உயிர்விடுவது மேலானதென நிச்சயித்தாள்.

பொழுதுவிடிந்தது. ஆனால் அவளுக்கு இன்னம் விடியுங் காலம் வரவில்லை. ஆயினும் தனது மாமியுடன் படுக்கையை விட்டெழுந்தாள். அவளுடன் வீட்டு வேலைகளை கவனித்தாள். அந்தணர் அதிகாலையிலேயே ஆற்றங்கரைக்குச் சென்று விட் டார். அவர் மனைவியும் நாலு நாழிகையானதும் தனது மருமகளை ஆற்றுக்கு வரும்படி அழைத்-

தாள்.

“எனக்குத் தலைவலிக்கிறது. உடம்பு என்னவோ செய்கிறது. நான் வேண்டுமானால் பிறகு போய்க்கொள்ளுகிறேன். இல்லாவிட்டால் கிணற்றிலே ஸ்நானம் செய்கிறேன்.” என்றாள் ராஜம்.

மாமியாரும் ஆற்றுக்குபோய் விட்டாள். தான் மாத்திரம் தனியாயிருக்கவே அவளுக்குப் பலபல யோசனைகள் தோன்றின. அவற்றின் பயனாக அவள் ஒரு பெரிய கயிற்றை ஓர் அறையில் உயரத்திலிருந்து கட்டி, கயிற்றில் சுருக்குப்போட்டு எணிமேலேறி அந்தச் சுறுக்கை தனது கழுத்திலிட முயன்றாள். பிறகு பயங்கொண்டு கீழே இறங்கினாள். மறுபடியும் ஏறினாள்.

“ஜகதீசா, என் கணவர் பிரிந்த பிற்பாடும் நான் உயிர் வைத்திருக்கவேண்டுமா. என் எண்ணத்தை நிறைவேற்ற தைர்யம் கொடு, உன்னை நமஸ்கரிக்கிறேன். அத்ருஷ்டமிருந்தால் இத்தனை நாளாக அவர் வராமலிருப்பாரா? ஜசதீசா, என்னுயிரை வாங்கிக்கொள்ளும், அவரைக்காணாமலிருக்கவென்னால் முடியவில்லை.” என்று சொல்லிக்கொண்டே கழுத்தில் சுறுக்கிட்டு ஏணியிலிருந்து கீழே குதித்தாள்.

உடனே படீரென்று ஈகவுதிறந்தது. ” என்னைக்கண்டு உயிரோசி இரு” என்று ஒருவர் சொல்லிக்கொண்டே உள்ளே வந்தார். வந்ததும் பெண் இருக்கும் நிலைமையைப் பார்த்து உடனே ஏணிமேலேறி அவளைத் தூக்கி கயிற்றை வாங்கிவிட்டு கீழே இறக்கினார். அதற்குள் அவள் கண்மூடி ஸ்வாசமும் இல்லாமல் போய்விட்டது. வந்தவர் அவளைத் தம்மடிமே லிருத்தி வேண்டிய சைத்யோபசாரமெல்லாம் செய்து அவள் மூர்ச்சை போயிருந்ததால் (சுருக்குடன் அரைநிமிஷமும் இருக்கவில்லை) அவளுக்கு ஸ்மாணை உண்டாக்கினார்.

ராஜத்துக்குச் சிறிது தன்னினைவு ஏற்படவே, அவள் தனது கண்களைக் சிறந்து பார்க்க தன் கணவன் மடியில்

படுத்திருப்பதை யறிந்து சரேலென்று எழுந்திருந்து ஒரு புறத்தில் நின்றாள். "ராஜம், என்னகாரியம் செய்தாய், இப்படி செய்யலாமா? உனக்கார்துணை என்றாயே, எனக்கார்துணையென்று இப்படிச் செய்தாய்" என்று சொல்லியவளை யணைத்து முத்தமிட்டார். நாம் அவர்கள் ஸம்பாஷித்தவைகளை யெல்லாம் சொல்லவேண்டியல்லை.

கால்மணி நேரத்துக்கெல்லாம் ஸுந்தரத்தின் பெற்றோர் வரவே, ஸுந்தரம் அவர்காலில் பணிந்து வணங்கினான். அவர்களும் ஆசி கூறினார்கள்.

என்றாலும் தந்தைக்கு மகன்மேல் இன்னம் ஸந்தேகமிருந்தது. அதை யப்போது தெரிவித்தால் எங்கு பையன் ஸங்கராந்தியின் ஸந்தோஷத்தைக் கெடுத்துவிடுவானோ என்றெண்ணி சும்மாயிருந்தார். எல்லாரும் அன்று ஸந்தோஷமாகவே யிருந்தார்கள். ஒரு மணி ஸுமாருக்கு ப்ராம்மணர் பூஜை யாரம்பிக்க யத்தணிக்கையில் கூடத்திலுள்ள ஒரு நீண்ட குறுகியவாயுடன் இருந்த ஒரு பிறையில் அடைத்திருந்த பழங்கந்தைகள் அவர் மேல்பட்டுவிட்டன.

"கழுதை, இங்கேவா, இந்தத் துணிகளை எடுத்துவிடு என்று எத்தனை தரம்சொல்லுகிறது? பார் என்மேல் பட்டுவிட்டது. நான் மறுபடியும் ஸ்நானம் செய்யவேண்டும்" என்று சொல்லிக்கொண்டே குச்சியால் கந்தைகளை வெளியில் எடுத்துத் தள்ளினார். பிறையின் உள்புறத்தில் ஏதோ வெளுப்பாயிருந்தது. அதுவும் கந்தையாயிருக்கலாமென்று எண்ணி குச்சியால் தள்ளக் கடிதங் சுருகுாயிருந்தது. "இதென்ன கடுதாசிகள், பார், ஸுந்தரம்." என்றார் அந்தணர். அவன் எடுத்துப் பார்த்தான். உடனே ப்ரமைகொண்டு சுவரில் சாய்ந்தான்.

"அதென்னடா அது?!!"

அவன் பதில் சொல்லாமல் அவைகளை அவரிடம் கொடுத் தான். "ஏய், இதைப்பார், காணாமற்போன நோட்டுகள், பாழும்பணமே, உன்னாலல்லவோ இவ்வளவ கஷ்டங்களும் நேர்ந்தன! அப்பா! ஸுந்தரம் உன் மேலிருந்த ஸந்-

தேகமெல்லாம் போய்விட்டது.'' என்றார். யாவரும் பார்த்து ஆச்சரியப்பாட்டார்கள்.

''இப்பொழுது தான் ஞாபகம் வருகிறது, நோட்டுகளை இந்தப் பிறையில் வைத்துவிட்டுத் தான் திறவகோலைத் தேடினேன்.

''நானும் இதில்தான் எனது வ்யாஸத்தை வைத்தேன்'' என்று யோசனையாய்ச் சொன்னான் ஸபந்தாம்.

''சரிதான். நோட்டுக்குப்பதிலாக வ்யாஸத்தை எடுத்துப் பெட்டியில் வைத்துவிட்டேன்!'' என்றார் ப்ராமணர்.

அன்றையதினம் எல்லாரும் பொங்கலை மெதுவாக ஸாப்பிட்டார்கள். ஸந்தோஷத்தால் விலாப்புடைக்கத் தின்றார்கள்.

இனிக் கதையை முடிப்போம். ஓடிப்போன ஸுந்தரம் கும்பகோணம் சென்று சில கனவான்களுடைய உதவியால் தன் படிப்பை விருத்திசெய்து ஒரு ராஜாங்க உத்யோகத்தில் அமர்ந்து தனது பெற்றோர் தன்னைக் காணவிரும்புவதாக தன்னூர் நண்பன் ஒருவனாலறிந்து அவர்களையும் தன தன்புக்கிடமான மனைவியையும் காண ஊருக்குவந்தான்- அவனும் அவன் மனைவியும் சந்தோஷித்து விளையாடியதை இடமதி கரிப்பதால் எழுத வில்லை. நேயர்கள் மனத்தில் பாவித்துக் கொள்வார்களாக.

12. இரண்டாயிரம் ரூபாய் நோட்டு!

- அன்னூர் கே. ஆர். வேலுச்சாமி

மாயவனுக்கு தொலைக்காட்சியில் அந்த செய்தியைக்-கேட்டதும் மனம் அதிர்ச்சியிலிருந்து மீள சற்று நேரம் ஆனது.

முகம் வியர்வையால் நனைந்திருந்தது.

அவரது முகத்தைப்பார்த்த மனைவி ஓடிச்சென்று டர்க்கி டவல் ஒன்றை எடுத்து வந்து கொடுத்து விட்டு ''ஏங்க ஆபீஸ்ல ஏதாச்சும் பிரச்சினையா?'' எனக்கேட்க , ''ஆபீஸ்ல பிரச்சினையில்லை. இந்த சனியனுக்குத்தான் மறு

படியும் பிரச்சினை'' என தனது பீரோவைக்காட்டிச்சொல்ல, மனைவியும் புரியாமல் விழித்தவாறு அன்றைய நாடகத்தை பார்க்க எண்ணி சேனலை மாற்ற, அனைத்து செய்தி சேனல்களும் ஒரே செய்தியைச்சொன்னதைக்கேட்ட போது மாயவனைப்போலவே அவரது மனைவி அபிராமியும் அதிர்ச்சியில் தலை மேல் கை வைத்தவாறு, திக்பிரமை பிடித்தவள் போல் வரவேற்ப்பறையில் போடப்பட்டிருந்த உயர் ரக சோபாவில் தனது நூறு கிலோ எடையுள்ள உடலைத்-தொப்பென போட்டு அமர்ந்தாள்.

தம்பதிகளை ஆட்டிப்படைத்த அந்த செய்தி 'இரண்டா-யிரம் ரூபாய் நோட்டு இனி செல்லாது' என்பது தான். நான்கு நாட்களுக்கு முன்புதான் பீரோவில் வைக்க இடம் நெருக்கடியானதால் ஐநூறு ரூபாய் நோட்டுக்களை ஒரு ரியல் எஸ்டேட் அதிபரிடம் கொடுத்து இரண்டாயிரமாக மாற்றியிருந்தார். இந்த செய்தியைப்பார்த்தும் அதே ரியல் எஸ்டேட் அதிபரிடம் கொடுத்த ஐநூறு ரூபாய் நோட்டுக்-களை திரும்ப வாங்கிக்கொள்ளலாம் என போன் போட்ட போது அவர் எடுக்கவில்லை.

முன்பு ஒருமுறை பழைய ஆயிரம், ஐநூறு செல்லாமல் போன போது கமிசன் வாங்கிக்கொண்டு மாற்றிக்கொடுத்த குபேரனுக்கு போன் போட்டார். போனை உடனே எடுத்த-வன்'' என்ன சார் மாத்தனுமா?'' என கேட்டதும், 'இவ்வ-ளவு வேகமாக இருக்கிறானே...? ' என ஆச்சர்யப்பட்டவர். "ஆமாம், பத்து மட்டும்'' என்றார்.

"பெருசா சார்'' என கேட்டதும், "ஆமாம்'' என்றார். "ஒன்னும் கவலைப்பாடாத சார். எங்கிட்ட ஐநூறு பேர் ஆளுங்க இருக்கறானுங்க. ஒருத்தனுக்கு ஒரு கட்டு கொடுத்திடலாம். ஒரு மாசத்துல திரும்ப கெடைச்சிடும். ஆனா இப்ப வெலைவாசியெல்லாம் ஏறிப்போச்சு சார். போன தடவ பத்து சதம் கமிசன் வாங்கியிருப்பேன். இப்போ இருபத்தஞ்சு சார்'' என்ற போது சற்று தயங்கியவாறு யோசித்தவர், "இருபது போட்டுக்கலாம், காலைல வா''

எனக்கூறிவிட்டு போனை வைத்தார்.

"என்னங்க இது? பூமி தரகர், மாட்டுத்தரகர், பொண்-
ணுத்தரகர் மாதர இப்ப புதுசா பணத்துக்கு தரகர் உருவா-
யிட்டாங்க. போனாப்போகுது உடுங்க. உங்கப்பன், எங்கப்பன்
சம்பாதிச்சதா போச்சு. நீங்க வாங்குன லஞ்சப்பணந்தானே?
நீங்க தினமும் கத்தை கதையா கொண்டு வரும்போதே
ஏதாவது பாவம் புடிச்சுக்குமோன்னு யோசிப்பேன். இப்-
படி கமிசன் கொடுக்கிறதால வாங்கிய பாவம் தொலையட்-
டும். நீங்க வீணா கவலைப்பட்டு உடம்பக்கெடுத்துக்காதீங்க"
எனக்கூறிய மனைவியை ஆச்சர்யமாகப்பார்த்தார் மாயவன்.

காலையில் சரக்கு ஆட்டோவில் பழைய பொருட்களை
வாங்க வந்தவன் போல் அட்டைப்பெட்டியுடன் வந்த குபே-
ரன், மாயவன் வீட்டு பீரோவை காலி செய்து கிளம்பினான்.
எழுத்தில் ஒன்றுமில்லை. எல்லாம் பேச்சு தான்.

கடந்த முறை ஏற்பட்டிருந்த அனுபவ நம்பிக்கையில்
மொத்தமாக ஏற்றி அனுப்பினார்.

ஒரு மாதம் உருண்டோடிய பின் பெரிய புது காரில் வந்து
இறங்கிய குபேரன், ஐநூறு ரூபாய் நோட்டுக்களை பெட்-
டியைத்திறந்து காட்டிய போது தான் மாயவனுக்கு உயிரே
வந்தது போலிருந்தது.

"உங்களுக்கு கமிசன் போக எட்டு பெருசு கொடுக்கனம்.
இப்போ ஏழு இருக்குது. வாங்கினதுல பத்துப்பேர் செத்துட்-
டானுங்க. பதனைஞ்சு பேருக்கு ஒடம்புக்கு செரியில்லாம
ஆஸ்பத்திரிக்கு கட்டிட்டானுக. இருபது பேர் ஆளையே
காணோம். அஞ்சு பேரு கிட்ட கொடுத்தது போலி ரூபா-
வாம். பொய்யோ, நெசமோ. நான் நம்பறேன் சார். நீங்களும்
நம்பனம். வெளிய சொல்ல முடியாது. காந்தி கணக்கு தான்"
என்றதும் இந்த முறை குபேரன் தன்னை ஏமாற்றி விட்டதாக
புரிந்த போது மன வேதனை அதிகரித்தது மாயவனுக்கு.

"என்ன சார் கவலைப்படற மாதர முகத்த காட்டிக்-
கிறே...? பல பேருக்கு மாத்த முடியாம முழுசா போகப்போ-
குது. இதனால ரியல் எஸ்டேட் தொழில் மொத்தமா படுத்-

திருச்சு. அநியாயத்துக்கு வெலைய ஏத்தி உட்டுட்டானுக. அந்தப்பாவம்தான் சார் இது. உங்களுக்கு இந்தக்குபேரன் புண்ணியத்துல தேவல சார். ஏதோ மறுபடியும் இப்ப ஒரு செய்தி வந்திருக்குன்னாங்க. நாலு மாசத்துக்கப்புறம் இந்த ஐநூறும் செல்லாம போகப்போகுதாம். நீங்க இந்த குபேரன் இருக்கிற வரைக்கும் கவலைப்படாதீங்க. செய்தி டிவில வந்ததும் கூப்பிடுங்க. இதையும் மாத்தித்தரேன்" எனக்கூறியதைக்கேட்டு தலை சுற்றியது மாயவனுக்கு.

2

❦

13. அழுக்கு நோட்டு

- எஸ். பர்வின் பானு

கொஞ்சமாய் எண்ணெய் தேய்த்து நீண்ட ஜடையைப் பின்னலிட்டுக் கொண்டாள் மகமூதா. பெரிய பைகளுடன் உள்ளே நுழைந்த மெகரூனுக்கு வேர்த்துப் போய் இருந்தது. முந்தானையை எடுத்து முகத்தை துடைத்துக் கொண்டே பார்வையை உள்ளே அனுப்பி மனிதர்கள் தென்படுகிறார்- களா என்று விலாவத் தொடங்க, எங்கிருந்தோ பேத்தி தண்- ணீர் குவளையுடன் வர, மனசு நீரைக் குடிக்காமலேயே குளிர்ந்து போனது.

"அல்ஹம்துலில்லா. என் கல்பே நிறையுது. உனக்கிருக்க இந்த பதவிசு, உன் அம்மாக்காரிக்கு இருக்கான்னு பாரு"தூணில் சாய்ந்து காலை நீட்டிக் கொண்டே கொண்டு வந்த நீரை தொண்டைக் குழியில் சரித்தார்.

காதை கூடத்தில் செலுத்தி இருந்த மகமூதாவுக்கு கோபத்துக்கு பதில் சின்னதாய் சிரிப்புத்தான் முளைத்துக்- கொண்டது. அன்பிற்கு புன்னகை மட்டும் அடையாளம் அல்ல.

"என்னம்மா ரேசன்ல எல்லாம் இருந்ததா?"கேட்டபடி கைலியை இறக்கி விட்டுக் கொண்டு முன்னே அமர்ந்த மகனை கண்கள் ஒருநொடி வாஞ்சையாய் வருடினாலும்,

மறுநொடி வார்த்தைகள் எப்போதும் போல், எடுப்பாக துடிப்பாக வந்து விழுந்தது.

“ம்க்கும்... எல்லாம் இருந்தது, சந்தோசமும் நிம்மதியையும் தவிர. அதெல்லாம் எடை போட முடியாதாம்”அலுப்பாகச் சொன்னாலும், களிப்பாகச் சொன்ன அம்மாவின் முகத்தை சின்ன நிறைவோடு ஆராய்ந்தான் பஷீர்.

ஆற்காட்டில் ஒரு பிரியாணிக் கடையில் மாஸ்டர் வேலை. தினப்படி வருமானம் ஐநூறுக்கு மேல் வந்தது. ஆனாலும் அத்தனையும் வாழ்க்கை பாட்டுக்கும் வத்தைப்பாட்டுக்குமே சரியாக இருந்தது. கடலைச் சுண்ட வைத்து கஷாயம் காய்ச்சும் ஆகப் பெரிய சிரமம் தான் வாழ்க்கைக்கும் வசதிக்குமான தூரத்தை தொடுவதில். அந்த தூரத்தை தொடாமலேயே முடிந்துபோன பலருடைய வரலாறுகள் சட்டைப் பையில் பத்திரமாக இருக்கின்றன.

“நான் போய் வாங்கிட்டு வந்திருப்பனே... நீயேன்மா போய் சிரமப்படற?”கேட்ட மகனை மறுபடியும் வாஞ்சையாய் வருடித் தந்தாள் பார்வையால்.

“இருக்கட்டும் மவனே... ராத்திரி பிரியாணி கடையில வேலை முடிச்சிட்டு வந்து நாலு மணிக்குத்தான் படுத்தே. மறுபடியும் இன்னைக்குப் போகணும். அதுக்குள்ள உன்னை எழுப்பாட்டித் தான் என்ன? அதான் நானே போயிட்டேன்.”

“நான் வர்றேன்னு சொன்னேன். அதுக்கும் வேணாம்ட்டாக.”மகமூதா முக்காட்டை சரி செய்தபடி சொல்ல, மெகரூன் முறைத்த முறையில் கொஞ்சம் நடுக்கமாய்த்தான் இருந்தது.

“அதென்ன வயசுக் கொமரி எங்கே வேணா வர்றேன்னு சொல்றது?”

“நான் ஒண்ணும் வயசுக் கொமரியெல்லாம் இல்லை. ஏழு வயசு புள்ளை கையில இருக்கு”

“இருந்துட்டா பெரிய மனுசி ஆயிட்டீகளோ? போய் ஆத்தா வூட்டுக்கு கிளம்பற சோலியைப் பாரு. என்னத்தை சமைச்சு வச்சிருக்கே? சதா அடுப்பில வேகுறவனுக்கு

தயிரை தாளிச்சு வச்சியா? காரம் அதிகம் சேர்த்தாம பச்சை மொளகா கிள்ளிப் போட்டு தானே செய்திருக்க?''

நேத்தும் இதையேதான் சொல்லி இருந்தார் மெகரூன். நாளைக்கும் இதையேதான் சொல்லப் போகிறார் என்பது மகமூதாவுக்கு நன்றாகவே தெரிந்ததால் தலையை குலுக்கி-யபடி உள்ளே நகர, சுமையின் கணமும், மூப்பின் கணமும் சேர்ந்து லேசாய்த் தடுமாற வைக்க, சுவரில் சாய்ந்து கொண்டார் மெகரூன்.

''முடியல இல்ல... ஏன்மா அவளைத்தான் கூட்டிட்டு போயிருக்கிறது?''என்றான் பஷீர் ஆதங்கமாக. திறந்து பார்த்த கண்களில், ஏதோ ஒரு கவலை அப்பிக் கிடந்தது.

''இல்லத்தா, யோசிச்சு பாரேன். அவ கூடப் பிறந்தவளு-களை புருச மக்கக நல்ல வச்சிருக்கானுக. எந்தக் குறையும் இல்லாம. நம்ம நேரம் நம்பால அம்புட்டு முடியலைன்னா-லும், அலைகழிச்சு எதுக்கு நோகடிக்க? வேகாத வெயிலு. பாவம் எதுக்கு நடந்து சிரமப்பட மெல்லிய குரலில் சொன்-னாலும் உள்ளுக்குள் துல்லியமாக கேட்டது மகமூதாவுக்கு. மென்மையாக சிரித்துக் கொண்டாள். சிரிக்கும்போதே கண்-கள் ஏனோ கலங்கியது. வேலையை முடித்து வெளியில் வந்தாள். புர்கா அணிந்து தலையில் முக்காட்டை ஒதுக்கிக் கொண்டாள்.

''கிளம்பிட்டியா? பாபூவை இட்டுன்னா போறே?'' என்-றான் பஷீர்.

''வேணாம் வேணாம். அடுத்தமுறை பார்த்துக்கலாம்''-மெகரூன் குரல் கண்டிப்பாய் வந்தது.

''எங்க போனாலும் என் புள்ளையை கையில பிடிச்சுட்டு போக எனக்கு அனுமதி இல்லையா?'' ஆதங்கமாய் வார்த்-தைகள் தொண்டையில் இருந்து வெடித்துக்கொண்டு வர, முகம் பார்க்காமல் வாசலை வெறித்துக் கொண்டு பேசிய மருமகளை தீர்க்கமாகப் பார்த்தார் மெகரூன்.

''பாப்பு, இந்தா மல்லாட்டை உள்ளே போய் உரிச்சுத் தின்னு''பையில் கைவிட்டு பேத்தி கையில் தந்து உள்ளுக்-

குள் அனுப்பிவிட்டு கைகளை தரையில் ஊன்றிக் கொண்டு எழுந்து வந்தார். ஏதோ வேகத்தில் ஒரு வார்த்தை விசிறி விட்டாலும், மகமூதாவுக்கு உள்ளுக்குள் கிலி பிடித்துக் கொண்டது. பக்கத்தில் வந்து இடுப்பில் கை ஊன்றி, தீக்கங்கு போன்ற கண்களால் உற்றுப் பார்க்க, லேசாய் மிடறு விழுங்கினாள் மகமூதா.

“நீ உன் அத்தா அம்மாவைப் பார்க்கப் போகச் சொல்ல, யாரும் உன்னை பாப்புவை கூட்டிட்டு போக வேணாம்னு சொல்லல. இன்னைக்கு ராணிப்பேட்டை அக்கா, வாலாஜா அக்கா எல்லாரும் வர்றாக இல்ல? உங்க பெரிய அக்கா வூட்டுக்காரன், துபாய் போய் சம்பாதிச்சு வந்துல்ல எல்லாருக்கும் விருந்து வைக்கப் போறான்? இதுல எத்தனை ஆடம்பரம் காட்டுவாங்க? அவங்க துணிமணியும் பவிசும் பார்த்தா, பச்சை மண்ணு ஏங்கிப் போயிடாதா? அங்கே போனால், புள்ளை மனசு சுணங்கிப் போகாதா?

வசதிக்கும் வாழ்கைக்கும் உள்ள தூரம் புரியற வரைக்கும், இதுமாதிரியான இடங்களுக்கு லேப்பு சூப்பா போய்ட்டு வந்தாப் போதும். அதை ஒருதரம் சொன்ன புரிஞ்சுக்கிடணும். வாய்க்கும் மூளைக்கும் தூரம் அதிகம்கிற மாதிரி பேசக் கூடாது அங்கே போய் கண்டுட்டு வந்துட்டு நம்மகிட்ட அது இல்லை, இது இல்லைன்னு பச்சை மண்ணு ஏக்கப்பட்டா என்னத்தை பண்றது?”கண்டிப்பான குரலில் சொல்ல, மகமூதாவின் தலை தன்னால் மேல் கீழாய் ஆடியது.

நியாயம்தான். வியாசர்பாடியில் இருந்த பெரிய அக்கா வசதிக்கும் வனப்புக்கும் குறை இல்லாமல் இருந்தாள், மற்ற இரண்டு பேருக்குமே எந்த குறையும் இல்லை. வசதி வாய்ப்பில் முந்திக்கும், முழங்காலுக்கும் போதாத வாழ்க்கை மகமூதாவுக்கு மட்டும் தான்.

மகமூதாவை நிக்காஹ் பண்ணும் போது ஆற்காட்டு ரோட்டில் கடை வைத்துத்தான் இருந்தான் பஷீர். காசு காய்ப்பாய் காய்த்தது. எல்லாம் மூன்று வருசத்தில் முடிந்து

போனது. ரோடு போட அரசாங்கம் கடையை எடுத்துக் கொள்ள, இடத்தோடு சேர்த்து பொழப்பும் போக, இடத்தை விற்ற காசில் வேற இடத்தில் கடை போட, அத்தனையும் நஷ்டத்தில் வந்து தன்னை நிறுத்திக் கொள்ள, மூணு பேரை வேலைக்கு வைத்து தொழில் நடத்தியவன், அவனை வேறி-டத்தில் கொண்டு போய் வேலைக்கு நிறுத்தி வைத்திருந்தது.

“ராத்திரிக்குள்ள வந்துடுவ தானே? ராத் தங்கற வேலை-யெல்லாம் வேணாம். கிளம்பி வந்துடு. கிளம்பறதுக்கு முன்-னாடி பஷீர்க்கு போன் பண்ணிச் சொல்லிடு, அவன் பஸ் ஸ்டாண்டுக்கு வந்துருவான்.”

“ஆவட்டும் மாமி”

“எதுவும் சொன்னால் கூனிக்க வேணாம். உதவி கேட்க-றதுக்கு சந்தர்ப்பம் இருந்தா பாரு. இல்லாட்டி வந்துகிட்டே இரு. எங்கேயும் குறைச்சுக்கிட வேணாம். வெறுங்கையோட போகாத. புள்ளைங்களுக்கு தின்பண்டம் வாங்கிட்டு போ”

“அதெதுக்கு மாமி? அங்கென என்ன கொறை?”

“கொறைன்னாத் தான் வாங்கிப் போவணுமா? நாம யாருக்கும் கொறைஞ்சவுக இல்லைன்னு காட்ட வாங்கிட்டுப் போகணும். பஷீரு, தித்திப்பு வாங்கி தந்து பஸ் ஏத்து விட்-டுட்டு வா.”

மெகரூன் சொன்னதும் பஷீர் சட்டை மாட்டிக் கொண்டு வர உள்ளே நகர, மகமூதா மாமியின் ஆளுமையான அதி-காரத்தில் லேசான எரிச்சலோடு முகம் சுணங்கிக் கொண்டு திரும்பி நின்றாள்.

பக்கத்தில் வந்த மெகரூன், சுருக்கு பையைப் பிரித்து கசங்கிப் போன இருநூறு ரூபாய்த் தாளை எடுத்து நீட்ட, என்ன என்று தெரியாமல் மகமூதா முகம் பார்த்தபடி நின்-றாள்.

“எதுக்கு மாமி இதுதெல்லாம்? பஸ்ஸுக்கு காசு இருக்கு”

“கெடக்கட்டும் நீ மவராசிதான். உன் கையில இருந்தா, என்கிட்ட வாங்க மாட்டியோ? வச்சிக்கிடு எதுக்கும். எதுனா அவசரம்னா உதவும்”அழுக்கேறிய ரூபாய்த் தாளை தந்து-

விட்டு நகர்ந்தார் மெகரூன்.

வியாசர்பாடி மச்சான் துபாயில் வேலை பார்த்துவிட்டு சம்பாதித்து வந்த காசில், வீடெடுத்துக் கட்டி இருந்தார். நல்ல விசாலமான வீடு. இரண்டு மெத்தை வைத்துக் கட்டி இருந்தார். பிரியாணி ஆளை அசர வைத்துக் கொண்டு இருந்தது. மூன்று அக்காக்களின் பிள்ளைகளும் பளபளப்பாய் உடுத்திக் கொண்டு ஓடியாடிக் கொண்டிருந்ததைப் பார்த்தபோது மனசு பாப்பூவை தொட்டு மீண்டது.

முச்சந்தியிலேயே மூக்கு நறுமணத்தில் நனைய, பாப்புவை அழைத்து வர விடவில்லையே என்று மாமியை மனசுக்குள் வைது தீர்த்தாள்.

இவள் நீட்டிய தித்திப்பை வாங்கி செல்பில் வைத்தார்கள். அதை எடுத்து தின்பார்களா' என்ற கேள்வி இப்போது மகமூதாவுக்கு தோன்றத்தான் செய்தது.

"உன் மாமியார்க்காரி, புருசன் யாரையும் காணோம். வர வர புள்ளையக்கூட விடமாட்டேங்கிற அந்த கொடுஞ்சூர் கெழவி."

"அப்படியெல்லாம் இல்லை. அவரு காலையில தான் வேலையில இருந்து வந்தாரு. பாப்புக்கு ரெண்டு நாளா தடுமன்ல சிரமமா இருக்கு. அதான் அவளை வச்சிட்டு மாமி வீட்டில இருந்துட்டாக"என்றாள் சன்னமான குரலில். அதற்கு மேல் யாரும் பெருசாய் விசாரிக்கவில்லை. அக்காமார்கள் மூன்று பேரும் ஆடியோடி அங்கும் இங்கும் அலைய, ஓரமாய் கிடந்த நாற்காலியில் அமர்ந்து கொண்டாள் மகமூதா.

"கிலோவுக்கு எம்புட்டு" பிரியாணி செய்பவர் அருகில் சென்று விசாரித்துக் கொண்டாள். இப்படி தனியாக பிரியாணி செய்யப் போனால் ஓரளவு காசு பார்க்கலாம். வத்தைப்பாட்டு நினைப்பு வந்தது. ஆயிரம் இருந்தாலும் பஷீர் கைமணம் இவர்களுக்கு எல்லாம் வராது.

"என்ன தொழில் பாசமாக்கும்"உம்மா பக்கத்தில் வந்து கேட்க, அக்காக்கள் சிரித்துக் கொண்டார்கள். மெத்தை

வீட்டைப் பார்க்கையில் மனசுக்குள் சின்னதாய் ஏக்கம் எட்டிப் பார்த்தது. ஆற்காட்டு வீட்டை கொஞ்சம் மராமத்து பார்க்க வேண்டும் என்று மனசிற்குள் கணக்கு போட்டுக் கொண்டாள்.

அதுசரி, முன்கை நீண்டால் தானே முழங்கை நீளும்? வருமானத்துக்கே வழியில்லாத வாழ்க்கையில் பகுமானதுக்கு எங்கே போக?

நார்க் கட்டிலை வாசலில் போட அத்தனை பேரும் சுற்றி மொய்த்துக் கொண்டார்கள். மகமூதாவுக்கு உள்ளுக்குள் சின்ன சஞ்சலமாக இருந்தது, எப்படி கேட்பது என்று?

வாப்பா டிம்பர் கடையில் இருந்து ஓய்வுபெற்ற போது, முதலாளி மஸ்தான் பாய் தந்த தொகை கணிசமாக இருந்தது. அதில் இருந்து ஒரு லட்சம் தந்தால், சின்னதாய் இடம் பார்த்து கடை போட்டுக் கொள்ளலாம். இவர்களும் நாலு பேரைப் போல கொஞ்சம் உயிர் பிடித்துக் கொள்ளலாம்.

உச்சியில் இருந்த சூரியன் மெல்ல கீழே சரியத் தொடங்கி இருந்தது. கொஞ்சமாய் திக்கு திசை பார்த்து விசயத்தை சொல்லி முடித்தாள். அத்தனை பேர் கண்களிலும், காசு என்றதும் அனுசரணையே இல்லை

“இதுக்குத்தான் உன்னைய மட்டும் அனுப்பிட்டு அவுக முகம் அத்து அங்கேயே உட்கார்ந்துட்டாகளாக்கும்”உம்மா இளப்பமாய்க் கேட்க, விளக்கம் சொல்ல பிரியமில்லாமல் அமர்ந்திருந்தாள்.

“எங்க வீட்டுல எல்லாம் முன்னேறுனாக. யார் கையை யார் முறிச்சா? எத்தனை நாளைக்கு கட்டுச் சோறு பசியை போக்கும்”என்றாள் மூத்த அக்கா.

“குடுத்துப் பழக்கினா, அடுத்து ஒவ்வொன்னுக்கு நம்ம நினைப்புத்தான் வரும். அந்த மனுசன் ஒரு வெளங்காத மனுசன். கல்யாணம் கட்டின நாள்தொட்டு செழிப்பு இல்லை. இதை குடுத்திட்டா மட்டும் முன்னேறிடப் போறாராக்கும்”இது இன்னோர் அக்கா.

“அதுசரி நாம எதுக்கு பேசிக்கிட்டு? இது அத்தா கஷ்டப்பட்டு உழைச்சதுக்கு கெடைச்ச காசு. அவரே என்ன செய்யணும்னு முடிவெடுக்கட்டும். நானெல்லாம் இப்படி கூசாம வந்து கேட்க மாட்டேன். உங்க மச்சானும் அப்படித்தான். ஆனா என்ன செய்ய... நம்ம மகமூதா தான் பாவம்”என்று மற்றொரு அக்கா சொல்ல, நிஜமாலுமே மகமூதாவுக்கு அழுகை வந்தது.

அதற்குள் வாசலில் யாரோ வர, இவளுடைய கேள்வியைக் கிடப்பில் போட்டுவிட்டு அத்தனை பேரும் எழுந்து செல்ல அமைதியாக அங்கேயே ஆணியடித்தது போல் அமர்ந்திருந்தாள்.

ரொம்பவே அந்நியத்தனமாய் இருந்தது அந்தச் சூழல். பிரியாணியின் பிசுபிசுத்த மணம் நாசியில் புகுந்து கூசியது. வேலை முடித்துக் கொண்டு ஆம்பூர் பிரியாணிக்காரர் கிளம்ப, வெள்ளை பைக்குள் பிரியாணிக்கு இடையில் சுத்தி வைக்கப்பட்டு இருந்த தித்திப்புகள், துருத்திக் கொண்டு அடையாளம் காட்ட, ஒருகணம் கண்கள் குளமாகிப் போனது

‘காசில்லாதவன் தரும் இனிப்பு கசக்கும்’ என்று அப்போதுதான் புரிந்தது. வருமானத்துக்கு வழி தேடி வந்தவள், அந்த நிமிஷம் தன்மானத்துக்கு நிகரானது எதுவுமில்லை என்று உணர, வேகமாய் எழுந்து கொண்டாள்.

“அட, மகமூதா இருந்துட்டு நாளைக்கு போகலாம். என்ன அவசரம்”

“இல்ல உம்மா... நான் போறேன்”

“இரு பிரியாணி கட்டித் தர்றேன். பாப்பூக்கு கொண்டு போய் குடு.”

“அதெல்லாம் வேணாம். அவ அத்தாதான் நித்தமும் எடுத்துட்டுத் தானே வாராரு”புர்காவை அணிந்து கொண்டு முக்காட்டை சரிசெய்து கொண்டாள். அனிச்சையாய் கண்கள் அலமாரியைத் தொட, அதைச் சரியாய் புரிந்துகொண்ட உம்மா சங்கடமாய் சொன்னார், “உள்ளே எடுத்து வச்சிருப்-

பாங்க மகழு. காசு கேட்டியே எதுவும் முடிவு பண்ணாம போறியே... உங்க அத்தா வரட்டும் பேசலாம்''

"முடிவு பண்ணிட்டேன்மா. காசெல்லாம் வேணாம். அல்லா குடுப்பான் எங்களுக்கு''

தெருவில் இறங்கி திரும்பிப் பார்க்காமல் நடந்தாள். தாயும் மகளும் என்றாலும் வாயும் வயிறும் வேறுதான். சும்மாவா சொன்னார்கள் முன்னோர்கள்.

ஏனோ இந்த இரண்டு மணி நேரத்து பயணத்தை இரண்டு நொடிகளில் கடந்து, சிடுசிடுக்கும் மாமியின் முன்னால் நிற்க வேண்டும் என்று மனசு துடித்தது.

அங்கே அதிகாரத்தில் இருந்த அன்பும், இங்கே அன்பில் இருந்த அலட்சியமும் ஒரு சேர புரிய, உள்ளத்தில் ஓர் உருவமில்லாத பேரன்பு உருவாகிக் கொண்டது, அந்த அதிகாரத்தின் மீது. பேரன்பின் முகங்கள் எல்லாம் குளிராக மட்டும் இருக்க வேண்டியதில்லை. சிலநேரம் அவை இதமான கதகதப்பாகவும் இருக்கின்றது.

செம்மண்ணை சுட்டு செங்கலாக்கும் நெருப்பின் பொறுப்பின் மீது மரியாதை வந்தது. பஸ்ஸில் ஏறிக் கொண்டாள். நடத்துநர் வந்து பயணச் சீட்டு வாங்கச் சொல்லி கைநீட்ட, பர்ஸைத் திறந்தாள். முட்டிக் கொண்டு அழுக்கு இருநூறு ரூபாய்த்தாள் எட்டிப் பார்த்தது.

14. நூறு ரூபா நோட்டு!

– பாரதிமணியன்

அந்த பேக்கரியில் கூட்டம் நிறைய இருந்தது. பேக்கரி கடைக்காரர் மிகவும் பரபரப்பாக பிசியாக இருந்தார்.

மகள் ரம்யா ஆசையாக கேட்டதால், அவளுக்கு ஒரு குளிர் பானமும், மனைவிக்கு பிடிக்குமே என்று இரண்டு பிஸ்கட் பாக்கெட்களும் வாங்கி கொண்டு ...

"எவ்வளவு ஆச்சு'' என்று மாணிக்கம் கேட்டான்.

பேக்கரி கடைக்காரர், மாணிக்கம் வாங்கிய பொருள்க-ளின் விலையை கூட்டி பார்த்து விட்டு, ''எழுபது ரூபா கொடுங்க'' என்றார். மாணிக்கம் அப்போதுதான், அரிசி மண்டியில், அரிசி மூட்டைகளை இறக்கிய கூலியை வாங்-கிக்கொண்டு வந்திருந்தான்.

அந்த மண்டியில் அரிசி மூட்டைகளை இறக்கி வைத்-ததற்காக, அவனுக்கு சில புத்தம் புது நூறு ரூபாய் தாள்-களை கூலியாக கொடுத்து இருந்தனர். அந்த ரூபாய் தாள்-கள் மிகவும் விறைப்பாக மடமடவென்று இருந்தது.

அதில் ஒரு நூறு ரூபாய் தாளை எடுத்து அவன் கொடுக்கும் பொழுது, இன்னொருவர் முந்திக்கொண்டு, அவரும் பணத்தை கொடுக்க குறுக்கே கையை நீட்டினார்.

அவருடைய மீதி சில்லறையை வாங்கிக் கொண்டு, அந்த மனிதர் நகரும் வரையிலும்... மாணிக்கம் பணத்து-டன் கையை நீட்டிகொண்டே இருந்தான்.

ரம்யா... அம்மா அப்பா இருவருக்குமே பிடித்தமான செல்ல மகள், ஆறாவது படிக்கிறாள். அன்று ரம்யா படிக்-கும் பள்ளிக்கூடத்தில் நடந்த பெற்றோர் ஆசிரியர் சந்திப்பை முன்னிட்டு, மாணிக்கம் பள்ளிக்கு வந்து ஆசிரியரை சந்-தித்து விட்டு, அவளை சைக்கிளில் வீட்டுக்கு கூட்டிக்-கொண்டு போகிறான்.

வீட்டுக்கு போகும் வழியில், மகளை பேக்கரிக்கு கூட்டி வந்திருந்தான்.

''இந்தாங்க... இந்த பணத்தை வாங்கிக்கங்க '' என்று மாணிக்கம் குரல் கொடுக்க....

''ஸ்ஸ்... ப்பா, குடுங்க. இன்னக்கி வெயிலும் சாஸ்தி, கடையில கூட்டமும் அதிகமாக இருக்கு. கல்லாவையும் பார்த்துகிட்டு, பொருளையும் நானே கொடுக்கிறதால சட்டுனு கவனித்து காசு வாங்க முடியலை'' என்று புலம்பியபடியே, அவர் மாணிக்கத்திடம் பணத்தை வாங்கி கல்லாவில் போட்-டார்.

அவர் மீதி பணம் எடுப்பதற்குள், மீண்டும் ஒருவர் வந்து....

"அண்ணே, அந்த சிப்ஸ் பாக்கெட்ட எடுங்க" என்று அவசரமாக கேட்டார்.

"இருங்க .... இருங்க.... எடுத்து தரேன். ஒவ்வொருத்-தரா தானே கவனிக்க முடியும்" என்று சலிப்போடு பேசிய-படி, மாணிக்கம் கையில் மீதி பணத்தை திணித்தார்.

"ஸ்கூல் விடற நேரத்தில மட்டும் கடையில கூட்டம் அதிகம் ஆயிடுது. அப்புறம் காத்து வாங்குது. இல்லன்னா கூட இன்னொரு ஆளையாவது போட்டுக்கலாம்."

கடைக்காரர் முணுமுணுத்தபடி, சிப்ஸ் பாக்கெட்டை எடுக்க உள்ளே திரும்பினார்.

அப்போது, அவர் கொடுத்த மீதி பணத்தை பார்த்த மாணிக்கம், குழம்பி போய் நின்றான். அவன் கையில் நான்கு நூறு ரூபாய் தாள்களும், மூன்று பத்து ரூபாய் நோட்டுகளும் திணிக்கப்பட்டு இருந்தது. பேக்கரியில் கூட்டம் அதிகமாக இருந்ததால்.... மாணிக்கம் கொடுத்தது ஐநூறு ரூபாய் என்று நினைத்து அந்த பேக்கரி கடைக்காரர், எழுபது ரூபாய் போக, மீதி நானூற்றி முப்பது ரூபாயை அவனுக்கு கொடுத்திருந்தார்.

மாணிக்கம் எட்டாவது வரைதான் படித்து இருக்கிறான் என்றாலும் அனுபவ ரீதியில், பணம் கொடுக்கல் வாங்கலில் தெளிவாக தெரிந்து வைத்திருந்தான். அதனால் அவன் கையில் வாங்கிய பணத்தையும், பேக்கரி கடைக்காரரையும் மாறி மாறி பார்த்தான்.

'பாவம் அவர். கடையில் கூட்டம் அதிகமாக இருந்த-தால், கவனமில்லாமல் அதிக பணத்தை மீதியாக கொடுத்து விட்டார். எதிர்பாராமல் கிடைத்த இந்த பணம், அவனு-டைய வீட்டு செலவுக்கு ரொம்பவும் உபயோகமாக இருக்கும்' என்று மனதில் நினைத்தான்.

மாதாமாதம் கொடுக்க வேண்டிய வீட்டு வாடகை, வீட்-டில் இருக்கிற மூன்று பேரும் இரண்டு வேளையாவது வயி-

றார சாப்பிட, குடித்தனம் நடத்த, ரம்யாவை படிக்க வைக்க என்று இப்படி ஆகுகின்ற அனைத்து செலவுகளையும் .. அவனுக்கும், அவன் மனைவிக்கும் வருகிற வருமானத்தில் சமாளிப்பது மிகவும் சிரமாக இருக்கிறது.

'இந்த நானூறு ரூபாய், அடுத்த மாதம் மகளோட பிறந்த நாளுக்கு துணி எடுப்பதற்கும் உபயோகப்படும்' — இப்படி பல சிந்தனைகள் அவன் மனதில் ஓடின.

கையில் வாங்கிய பணத்தையே பார்த்துக்கொண்டிருந்த அப்பாவின் குழப்பமான முகத்தை, ரம்யா கவனித்தாள்.

'ஏன் இந்த அப்பா இப்படி யோசிக்கிறார்' என்று நினைத்தவள்,

"ஏம்பா? மீதி காசு வாங்கிட்டிங்க தானே! வாங்க போலாம்" என்று அவன் கையை பிடித்து இழுத்தாள்.

"இரும்மா வரேன்" என்று மகளிடம் சொல்லி விட்டு,

"ஏங்க... மீதி பணம் சாஸ்தியா கொடுத்திட்டிங்க போல" என்று பேக்கரி கடைக்காரரிடம் தயக்கமாக சொன்னான்.

"ஓ...ஓ... அப்படியா! எங்கே காண்பிங்க... " என்றவர், அவன் கையில் இருந்த பணத்தை கவனித்து பார்த்து விட்டு,

"ஐநூறு ரூபா கொடுத்தீங்க... எழுவது ரூபா போக மீதி சரியாத்தானே கொடுத்திருக்கேன்" என்று மீண்டும் சொன்னார்.

'அப்படிங்களா... அப்ப சரி என்று சொல்லிவிட்டு போய் விடலாம். நம்ம கை செலவுக்கு ஆகும்' என்று மீண்டும் மாணிக்கத்துக்கு தோன்றினாலும்... மனசு கேட்காமல்,

"இல்லீங்க... நான் நூறு ரூபா தான் கொடுத்தேன். அது கூட புது தாளா இருக்கும் பாருங்க" என்றான்.

கடைக்காரர், அவனை வியப்புடன் பார்த்து விட்டு... அவருடைய கல்லாவை ஆராய்ந்தார். பிறகு, "சரி கொடுங்க..." என்று அவனிடமிருந்து நானூறு ரூபாயை திரும்ப வாங்கி கொண்டு, அவனை பார்த்து புன்னகைத்தார்.

அந்த பரபரப்பான வேலை மும்முரத்தில்... இறுக்கமாக இருந்த அவருடைய முகத்தில் அப்போதுதான் மலர்ச்சி தெரிந்தது.

பின்பு அவர் மீண்டும் கூட்டத்தை கவனிக்க ஆரம்பித்து விட்டார்.

நடந்ததை எல்லாம் கவனித்துக்கொண்டு இருந்த ரம்யா-வுக்கு, அப்பாவை பார்த்து பெருமையாக இருந்தது.

'அடுத்தவர் காசுக்கு ஆசை படக்கூடாது. உழைச்சு சாப்-பிட்டாதான் உடம்பில ஒட்டும்' என்று அவளிடம் சொல்-லுகின்ற அப்பா, அவர் வாக்குபடியே நடந்து கொண்டதை பார்த்து சந்தோஷப்பட்டாள்.

கடையை விட்டு வெளியே வரும்போது அப்பாவை அவள் மகிழ்ச்சியோடு இறுக கட்டிக்கொண்டாள்.

"அப்பா... நீங்க ரொம்ப நல்லவங்க, நாம யாரையும் ஏமாத்தக்கூடாதுன்னு நெனைச்சு அந்த பணத்தை திருப்பி கொடுத்திட்டிங்கதானே..." என்று சந்தோசமாக அவள் சொல்ல... மகள் ரம்யாவை, மாணிக்கம் அதிர்ச்சியாக பார்த்தான்.

'நல்ல வேளை! எனக்கு இருக்கும் பண கஷ்டத்துக்காக, அந்த பணத்தை திரும்ப கொடுக்காம விட்டிருந்தா... இப்-படி மகள் பெருமை படற அப்பாவா இருக்கும் மகிழ்ச்சி எனக்கு கிடைத்திருக்காதே! பணத்தை எப்படியும் சம்பாரிக்-கலாம்!. ஆனா இப்படி ஒரு நல்ல அப்பாங்கிற பெயரை சம்பாரிக்க முடியாதே ...' என்று நினைத்த மாணிக்கம், மகளின் கன்னத்தில் குனிந்து முத்தமிட்டான்.

'பெற்றோர்கள் நடந்து கொள்வதை பார்த்துதான் குழந்-தைகள் வளருது. பெற்றோர்கள், அவர்களுக்கு தவறான முன் உதாரணமாக இருந்தால் குழந்தைகளும் தவறான சிந்-தனையோடு வளருவார்கள்' என்கிற எண்ணம் அவனுக்குள் தோன்றியது.

15. காந்தி நோட்டு

- மணிராம் கார்த்திக்

மதுரை கோவில் ஒன்றில்,

சாமியை தரிசிக்க ஒரு வயதான பெரியவர் வருகிறார். அவர் பார்க்க வயது முதிர்வு என்ற போதிலும், அவர் உடித்திய உடை, அவரின் தோற்றம், அவரை ஏழமை மிகுந்த ஒருவராய் காண்பித்தது.

கோவிலுக்குள் நுழைந்தார் வயதான பெரியவர். இரு கோவில் பூசாரிகள் அமர்ந்து பேசி கொண்டு இருந்தார்கள்.

கோவிலில் வேறு ஆட்கள் யாரும் இல்லை. சுந்தரம் சுவாமியை நோக்கி நகர்ந்தார். இரு பூசாரிகளும் அவரை கண்டு கொள்ளாமல் பேசி கொண்டு இருந்தனர்.

பெரியவர் சுவாமியின் முன் நின்று, பூசாரிகளை பார்த்து கொண்டு இருந்தார். அவர்கள் வருவதாக தெரியவில்லை.

கோவில் பூசாரிகளும், பெரியவர் சுவாமியின் முன் நிற்பதை கண்டு கொள்ளாதவாறு இருந்தனர்.

அப்போது கோவிலுக்குள் மற்றொரு நபர் உள்ளே வருகிறார்.

உள்ளே நுழைபவரை பார்த்தாலே நல்ல பணக்காரனை போல் தெரிந்தது.

உடனே கோவில் பூசாரிகள் இருவரும் எழுந்து "வாங்க.. வாங்க.." என்று வந்தவரை வரவேற்க , அதனை பார்த்து இருந்தார் பெரியவர்.

உள்ளே நுழைந்தவரின் கையில் தங்க மோதிரம் , காப்பு , கழுத்தில் தங்க செயின் என பார்க்க பணக்கார தோற்றம்.

"சார் , வாங்க.. யார் பேருக்கு அர்ச்சனை பண்ணனும்னு, சொல்லுங்க. சிறப்பா அர்ச்சனை பண்ணிரலாம்"

என்று கோவில் பூசாரிகள் இருவரும் கேட்க,

அதற்க்கு அவன் "இன்னைக்கு எங்க முதலாளிக்கு பிறந்த நாள். அவர் பேருக்கு தான் அர்ச்சனை பண்ணனும்" என்று வந்த நபர் கூற,

"நல்ல விஷயம் தான். சிறப்பா பண்ணிரலாம். உங்க முதலாளி பெயர் , ராசி , கோத்திரம் சொல்லுங்கோ" என்று பூசாரி கேட்க,

அப்போது தொலைபேசி அழைப்பு வர , அந்த நபர் தொலைபேசியில் பேச ஆரம்பித்தார்.

"அய்யா பெரியவரே! கொஞ்சம் இந்த பக்கம் வாறிங்-களா. சாமிய பார்த்துட்டா கிளம்ப வேண்டியது தான? " என்று மற்றொரு பூசாரி கூற,

"நான் சாமிய பார்த்துட்டேன். விபூதி தந்தா கிளம்பிர-லாம்னு நிக்கிறேன்." என்று பெரியவர் கூற,

"இந்தாங்க விபூதி " என்று வேண்டா வெறுப்பாய் பூசாரி கொடுத்து அனுப்ப , பெரியவர் அங்கிருந்து நகர்ந்து சாமியை சுற்றிவர கிளம்பினார்.

தொலைபேசியில் பேசி முடித்து அந்த நபர் வர , " உங்க முதலாளி பேர் சொல்லுங்க சார்?" என்று பூசாரி ஒருவர் கேட்க,

"முதலாளி பேர் மீனாட்சி சுந்தரம். அரிசி மில் வச்சிருக்-கார். அவர்கிட்ட நாற்பது பேர் வேலை பார்கிறாங்க" என்று அந்த நபர் முதலாளியை பற்றி கூறி கொண்டு இருந்தான்.

"அது சரி தம்பி. உங்க முதலாளியை கூட்டிட்டு வந்தி-ருந்தா, இன்னும் சிறப்பா அர்ச்சனை பண்ணிருக்கலாம் " என்று பூசாரி ஒருவர் கூற ,

"எங்க முதலாளி இங்க நின்று இருந்தாரே , வயசான பெரியவர் அவர் தான் எங்க முதலாளி மீனாட்சி சுந்தரம் " என்று அந்த நபர் கூற ,

"அந்த பெரியவர் தான் உங்க முதலாளியா?. நீங்க தம்பி ?" என்று ஆச்சரியமாக பூசாரி இருவரும் கேட்க,

"நான் அவரோட கார் டிரைவர். காரை ஓரமாக நிப்-பாட்டி வர கொஞ்சம் லேட் ஆயிடிச்சு." என்று அந்த நபர் கூற,

வாய் பேச முடியாமல் இரு பூசாரிகளும் நின்ற நேரம் , சுவாமியை சுற்றி வந்தார் மீனாட்சி சுந்தரம்.

அவரை பார்த்ததும் சங்கடமான சூழலில் , முகத்தை வைத்து , அவரின் ராசி கோத்திரம் நட்சத்திரம் என்று அவரின் விபரங்களை பெற்று கொண்டு அர்ச்சனையை துவக்கினார் பூசாரி ஒருவர்.

மீனாட்சி சுந்தரம் தன் டிரைவரை அழைத்து , அர்ச்-சனை தட்டில் 500 ரூபாய் நோட்டை போட சொன்னார்.

அந்த ஐநூறு நோட்டை பார்த்ததும் இரு பூசாரிகளுக்கும் சற்று தலை குனிந்தனர்.

"பணம் தான் ஒவ்வொருவருக்கும் மரியாதையை பெற்று தருமா ? உடுத்தும் உடையோ , அல்லது பணம் தான் ஒரு மனிதனின் தரத்தை நிர்ணயிக்குமா ? " என்று கடவுளை நோக்கி மீனாட்சி சுந்தரம் கேட்டு அங்கிருந்து நகர்கிறார்.

அவரை பின் தொடர்ந்து கார் டிரைவர் நகர்கின்றான்.

இந்த மாதிரி நிகழ்வுகள் நம் வாழ்க்கையில் நிறைய அரசு அலுவலகம் , மருத்துவமனை, பொது இடத்தில் நடந்து கொண்டு தான் இருக்கின்றன. மனிதனை பார்ப்போம்.

பணம் மட்டும் தான் வாழ்க்கையா? பணமும் தான் வாழ்க்கை. ஆனால் பணம் மட்டுமே வாழ்க்கை இல்லை!

பணத்தில் இருக்கும் மகாத்மா காந்தி அவர்களின் சிரிப்பு என்னமோ ஒரே மாதிரி தான் இருக்கிறது. ஆனால் நாம் தான் பணத்தை பொறுத்து மாறிக்கொண்டு இருக்கிறோம். அது பணத்தின் தப்பு இல்லை. நம்முடைய தப்பு.

16. நூறுரூபாய் நோட்டு

- ராஜராஜ சோழன்

சுந்தரேசன் வீட்டிற்குள் நுழைந்தான் நிலா படித்து கொண்டிருந்தாள் நதி பாதி பாடம் மட்டுமே எழுதிவிட்டு அடம் பிடித்தாள். அப்பாவை பார்த்த நதி நிலவின் ஒளியை பூசிக் கொண்ட மலர்ச்சியுடன் அப்பா என்று மோது மோதி

மடியில் ஏறினாள். பள்ளியில் நடந்ததை ஒரே மூச்சில் ஒப்பித்தாள் பூக்களை வீசுவது போன்று. நிலாவிற்கு கிராப்ட் பிராஜக்ட்டில் ஆர்வம். படிப்பில் படு சுட்டி. மீனாட்சிக்கு ஆயிரம் வேலைகள் உண்டு அவள் கடையும் தேநீர்க்கு அதிக அடிமைகள் உண்டு சுந்தரேசன் உள்பட மீனாட்சிக்கு தேநீருடன் சொல்ல வேண்டியது நிறைய உண்டு.

நாளை கோயிலுக்கு செல்ல வேண்டும் வண்டி என்று ஆரம்பித்தான். விடுப்பு ஸ்நாக்ஸ் பூ பழங்கள் பூசை பொருட்கள் என்று அடுக்கினாள். தேநீரில் முழ்கி இருந்தான். இப்போது எல்லாம் சண்டை இடுவது இல்லை. நிலா வளர்ந்து விட்டாள். சண்டை அவள் படிப்பை கெடுக்கும் பட்டு பயந்து படுவாள். அவள் முகம் பிறை போல் மாறிவிடும். பீட்டரை கூப்பிட்டான்

நாளை கோயிலுக்கு போகணும் வண்டி வேண்டும

இரு பேசிட்டு கூப்பிடரேன். உடனே அழைத்தான். வண்டி ரெடி. எல்லாமே சொல்லியாச்சு.

நன்றி பா

மீனாட்சி காலையிலே கிளம்பணும் என்று கத்தினாள். பட்டு அப்பா உங்க மடியிலா தான் உக்காருவேன் என்றாள். சரி என்றான். மீனாட்சி விரட்டினாள். குழந்தைகள் பூனை பதுங்குவது போல் பதுங்கினர்.

காலை தென்றல் குருவிகளுடன் வானொலி விசும் இசையைகேட்டது போல் கேட்டு கொண்டு இருந்தன. சுந்தரேசன குருவிகளை பார்க்க தவறுதில்லை. தேநீரின் மணம் வீசியது. மீனாட்சி பட்டில் மின்னினாள். அவன் பார்த்துக் கொண்டே இருந்தான். சிரித்து கொண்டே நகர்ந்தாள். பட்டுவை விளையாட்டு காட்டி எழுப்பினான் புன்சிரிப்புடன் எழுந்தாள். பட்டு சீண்டி கொண்டு விளையாடுவாள். மேட்சிங் கான பட்டு பாவடையை அப்பாவிடம் போட்டு கொண்டாள். மீனாட்சி அம்மனை போல் ஒளி விசினாள். போட்டோ எடுத்து கொண்டாள். வண்டி வந்து விட்டது சத்தத்துடன். அனைவரும் எரிக் கொண்டனர். பட்டு மறந்து விட்டு அவள் அம்மாவிடம் கதைகள் பேச அமர்ந்தாள்.

டிரைவர் தெரிந்தவர் தான் ஏற்கனவே ஓரிரு முறை வந்து இருக்கிறார். நல்ல லாவகமாக ஓட்டுப்பவர்.

ஏரியவுடன் நிலா பாட்டு போசொன்னாள். புது பாடல்-களை போட சொன்னாள். பாட்டும் வண்டியின் ஓசையை மறைத்து பாட துவங்கியது. பட்டு கதைகள் பேசியபடியே தூங்கி விட்டாள். மினாட்சி அவள் ஊர் வருவதற்கு முன் சுந்தரேசனிடம் அம்மா தம்பி ஏறும் இடம் பற்றி கூறினாள். அவர்கள் ஏறியவுடம் மினாட்சி கூடுதல் உற்சகம் பெற்றாள். அவள் அம்மாவிடம் ஊர் கதைகள் பேச தொடங்கினாள். பட்டு அவள் அப்பாவிடம் மடியில் அமர்ந்து கொண்டு கேள்விகள் கேட்க தொடங்கினாள். பட்டு மேகங்களை பார்த்து கொண்டு அப்பாவிற்கு காட்டினாள். அனைத்தையும் பார்த்து கேள்விகள் கேட்க தொடங்கினாள். மரங்களின் பெயர்களை சொல்லி கொண்டு வந்தான். துளையில் ஏதோ மில்லின் புகைபோக்கியிலிருந்து கருமையும் மஞ்சளும் கலந்த புகை மேகங்களுடன் சென்று கொண்டு இருந்தது. பட்டு மரம் காணவில்லை எங்கே சென்றன என்றாள். பக்க-திலிருக்கும் அதன் வீடுகளுக்கு சென்று விட்டது என்றான். சாலை ஓரங்களில் நட பட்ட மரங்கள் ஒழிந்து கொண்டு ரகசியம் சொல்ல காத்திருக்கிறது. மாத கடைசி செலவு என்று எண்ணி கொண்டான். கால சாப்பாடு வீட்லெ சாப்-பிடலாம் என்றான். மீனாட்சி அதுவும் சரி என்றால். நிலா வேண்டாம் சிரிக்க ரம் சாப்பிட முடியாது என்றாள். அது ஒரு செலவு. வண்டி எவ்வளவு என்று தெரியவில்லை. இக்-கட்டியில் மாட்டி கொண்டான். அவள் சம்பாரிக்க தொடங்-கிய நாளில் இருந்து பாதி நாட்கள் நன்றாக செலவு செய்வான். கையிருப்பு குறைந்தவுடன் எண்ண தொடங்கி விடுவான். மீனாட்சி கூட சொல்லவாள் மாத கடைசியில் புது அளாக மாறி விடுவீர்கள். அப்பா கோயில் வந்து விட்-டது என்றாள் பட்டு. ஒரு வாடை வந்தது அருகில் கடற்-கரை. வண்டியில் இருந்து இறங்கியவுடன். கருப்பு பெடி மணல் கால்களை ஒட்டி கொள்வதற்கு வேகமாக பறந்-தது. நிலா கோபுரத்தை பார்த்து ஆச்சரிய பட்டாள். பட்டு

பெரிய கோபுரம் என்று கத்தினாள். உயர்ந்த பெரிய கோபு-ரம் புது பொலிவுடன் இருந்தது. சமிபத்தில் திரு பணி நடந்-தது. கோயில் வலது புரத்தில் பெரிய மண்டபம் இநூறுக்-கும் மேற்பட்ட தூண்கள் பழமை மாற மல் சரி செய்துள்ளர். கோயில் முன் வாசலுக்கு முன் கான்கிரிட் மண்டம் ஒரு புறம் பிச்சைகார்கள் மறுபுறம் கடைகள். நல்ல வேளை பட்டு பார்க்க வில்லை பார்த்தால் வரும் போது வாங்கி கொள்-வோம் என்பாள். வெள்ளையும் நீலமும் கலந்து வெளுத்து போன கிழிந்த சேலையில் வெய்யிலில் பாட்டி உக்கார்ந்து இருந்தாள். எழுந்து எழுந்து பிச்சை எடுத்தாள். பிச்சை போடும் போது சுந்தரேசன். அவன் சில நேரங்களில் போடு-வான். பல சமயங்களில் ஒரு காரணத்தை அவனுக்கு கூறி கொண்டு போடமல வந்து விடுவான். பின்பு அதை பற்றி ஒரு சில நெடிகள் எண்ணுவான். மீனாட்சி ஒரு பத்து ரூபா போடுங்க என்று அலுத்த மாக கூறுவாள். அதான் வேலை இருக்கு சொத்து இருக்கு. மாறாத சென்மம் என்று திட்-டுவாள். ஆனாலும் போட மாட்டேன். அவன் பல முறை எண்ணி இருக்கிறான். அவனால் மாற முடியவில்லை.

பட்டு பார்த்தவுடன் அப்பா காசு குடு என்று அடம் பிடித்து பத்து ரூபா வாங்கி போட்டாள் பூக்கடையில் செருப்பை விட்டு விட்டு நின்றேம். மீனாட்சி ஒரு மலை வாங்குக என்றாள். செருப்ப போட்டு எதுவும் வாங்காம போக கூடாது என்றாள். மாலை வாங்கி கொண்டு சென்-றார்கள். கூட்டம் இல்லை.

சிங்காரவேலன் மேனி வெள்ளியிலும் தலையில் கிரிடமும் கையில் வேலுடன் நெஞ்சியில் பதக்க முடம் தன் தேவிக-ளுடன் ஒளி வீசி கொண்டு இருந்தான் அழகன் முருகன்.

அனைவரும் மனம் உருகி வேண்டி கொண்டார்கள். எதி-ரில் இருந்தவர் தன் பிள்ளைகளுக்கு காசு கொடுத்து உண்-டியில் போட சொன்னார்.

பட்டு அப்பாவை பார்த்தாள். எப்போதும் பத்து ரூபா அல்லது இருபது ரூபா மட்டுமே தான் போடுவேன். பட்டு விடம் கொடுத்தான். அழுக்கா இருக்க வேறு கொடு என்-

றாள் இல்லை என்றாள். அவளை வெல்ல முடியாது. மீனாட்சி இவை யாவையும் கண்டு சிறு புன்னகையுடன் அவள் அம்மா தம்பியுடன் விவரம் கூறி கொண்டே பார்த்து ரசித்தாள். அவன் மீண்டும் ATM செல்ல வேண்டியதை பற்றி எண்ணினேன். அவனிடம் நூறு ரூபாய் நோட்டுகள் மட்டுமே இருந்தது வேறு வழி இல்லை கொடுத்தான். அவள் போட்டு விட்டு கை தட்டினாள். கோயிலை சுற்றி விட்டு அமர்ந்து பிரசாதம் வாங்கி சாப்பிட்டோம். மதிய உணவு பற்றிய விவாதத்துடன் வெளியே வந்தேன் அந்த பழமையான மண்டபத்தை பார்த்து கொண்டே வந்தான். மீண்டும் அதே பாட்டி பிச்சை கேட்டாள். ஏற்கனவே போட்-டாாச்ச என்று கடந்து வந்தான். அவளுக்கு ஆல் அடை-யாளம் தெரியவில்லை. நிலா பாவம் என்றாள். நடுவில் பத்து ரூபா ஒழிந்து கொண்டு இருந்தது அதை கொடுத்-தான். அவள் வாங்கி போட்டாள். பட்டு பொம்மை வாங்கி கொண்டு இருநதவள் நிலா காசு போட்டதை பார்த்து விட்டு தானும் போடணும் என்று அடம்பிடிக்க ஆரம்பித்தாள். மீனாட்சி ஒரு பழைய பத்து ரூபா கொடுத்தாள். எப்-படி சப்பிடுவாங்க என்று கத்தினாள். அப்பாவை பார்த்தாள் என செய்வது என்றே தெரியவில்லை அப்பா தாங்க என்று அலுதாள். மீனாட்சியின் தம்பி காசு கொடுத்தான் போ என்-றாள்.

சுந்தரேசன் சலவை நூறு ரூபாய் நோட்டு கொடுத்தான் கொடுக்க மணம் இல்லாமல். பிடுங்கி கொண்டு ஓடி போய் கொடுத்து வீட்டு வந்தாள் அன்னபூரணி சிரித்து கொண்-டாள். வண்டிக்கு வந்து விட்டோம் பட்டு அப்பவை பார்த்து எண்ண அழ வச்சியில

சாரி கேளு என்றாள்

சாரி என்றான்

மீனாட்சி இரண்டாயிரம் ரூபாய் சலவை நோட்டை கொடுத்தாள். பீட்டர் அண்ணா கொடுத்தது மறந்துட்டேன். உங்க பணம் என்றாள்

17. பேப்பர் பிரஜைகள்...

– மு.சிவலிங்கம்

இன்றைய இரவு விடிந்தால்... நாளை சுப்பையா கொழும்புக்குப் பயணம்...!

இரவு முழுக்க பார்வதியம்மாள் தூங்கவேயில்லை. "நான் வளத்த செல்லக்கண்ணுக்கு உத்தியோகம் கெடச்சிருக்கு கொழும்பு தொறை முகத்துல கிளாக்கர் வேல... இந்தத் தோட்டத்துக் கணக்கப்புள்ள ஐயாவை... நானும் பாத்துக்கி-றேன் என் மவன் படிக்கிறதப் பாத்து கேலி பண்ணினாரே..? அவருக்கிட்டேயே போயி எம்மவனை பயணஞ் சொல்ல வைக்கிறேன்." இப்படி அந்த தாய் உள்ளம் மகனுக்கு உத்-தியோகம் கிடைத்து விட்ட பெருமையில் "வீம்பு" பேசிக் கொண்டிருந்தது உண்மைதான்.

சாதாரண ஒரு தோட்டத் தொழிலாளியின் மகன் படித்து, நன்றாக உடுத்திச் செல்வதைப் பார்ப்பதில் தோட்ட உத்தி-யோகஸ்தர்கள் ரொம்பவும் சங்கடப்படுவார்கள்.

"லயத்துப் பொடியனை பாரு?" என்று ஏளனமாக கதைப்பார்கள்.

சுப்பையா நகரப் பாடசாலையில் படிக்கும்போது அவனை ஏற இறங்கப் பார்த்துப் பற்களை அரைத்தவர்கள் பல பேர்-கள் அந்தத் தோட்டத்தில் இருந்தார்கள் .

"கூலிக்காரன் மகன் படிச்சி தொரையாகப் போறா-னாம்... பாப்பமே..."

இப்படி இகழ்ச்சிகள் இருந்தும் சிவனாண்டியும் பார்-வதியம்மாளும் சளைத்தார்களில்லை. 'சுப்பையா... நல்லா படிச்சி... நம்ம தோட்ட தொரை மாதிரி... சப்பாத்துப் போட்டு தொப்பி வைச்சி... நீட்ட கால் சட்டை போடணும் அவனை "சாமி" "தொரை"ன்னு எல்லோரும் சொல்ல-ணும்!" இப்படி உள்ளூர மகிழ்ந்து கொண்டார்கள். அந்த மகிழ்ச்சியில் எத்துணை இலட்சியம்-வஞ்சம்-வைராக்கி-யம்...! பிறந்தது முதல் சாகும் வரை தொப்பி சப்பாத்துப்-

போட்டவர்களையெல்லாம் தொரையென்றும் "சாமி" யென்றும் கௌரவித்து, கூனி, குறுகி சலாம், போட்டு வந்த பரம்பரையில் உதித்த சிவனாண்டிக்கும் பார்வதியம்மாளுக்கும் "ஏன் தங்களுக்கென ஒரு சொந்தமான ஒரு "தொரை" இருக்கக் கூடாது? என்று எண்ணி வைராக்கியம் பூண்ட அவர்களது எண்ணம் ஈடேறாமலா போனது? இதோ சுப்பையா! தொப்பி, சப்பாத்து கால்சட்டை அணிந்த தொரை!

தங்களை காலமெல்லாம் அடக்கி ஆண்டு வந்த துரைத்தனத்தார்களுக்கும்-அந்த துரை வர்க்கங்களுக்கும் சவால் கொடுக்கு முகமாகத் தங்களது சுப்பையாவின் உத்தியோகத்தைக் காட்டினார்கள். அவன் ஒருகுமாஸ்தா! துறைமுக குமாஸ்தா... நாளை கொழும்பு நகரத்தில் சுப்பையாவும் பலருக்கு தொரை! அந்த தொழிலாளத் தம்பதிகள் தங்கள் சாதனைக் குளத்தில் தமுக்காளம் அடித்து மிதந்தார்கள்.

விடிவு காலம்...!

ஆமாம் விடிந்துவிட்டது. இன்று சுப்பையா கொழும்புக்கு பயணமாகவேண்டும். பார்வதியம்மாள் விபூதி தட்டில் சூடம் கொளுத்தி உத்தியோகம் பார்க்கப்போகும் மகனுக்கு ஆரத்தி எடுத்தாள். மூன்றுமுறை வலம் வந்து விபூதி தட்டை கீழே வைத்தாள், கண்களில் பொலபொலவென கொட்டிய கண்ணீரை சேலை முந்தானையால் துடைத்து மகிழ்கிறாள். மீண்டும் விபூதி தட்டில் சூடத்தைக்கொளுத்தி ஏந்துகிறாள். சிவனாண்டி தலைப்பாகையைக் கழற்றி கக்கத்தில் வைத்துக் கொண்டு வணங்குகிறான். இருவருமாக சுப்பையாவுக்கு மாறி மாறி விபூதி பூசினார்கள். தோட்ட சீவியத்தில் கால முழுவதும் இரத்தக் கண்ணிர் வடித்த அவர்கள் இன்றுதான் ஆனந்தக் கண்ணிர் வடித்தார்கள். பார்வதியம்மாள் தன் செல்வமகனை வாரி முத்தமிட்டாள்.

"சுப்பு! கொழும்புக்கு போனதும் போஸ்ட்காடு போடு... பெத்ததிலிருந்து இன்னக்கித்தான் ஒன்னை பிரியிறேன்." அத்தாயின் குரல் கரகரக்கிறது. "ஆமா அண்ணா...! கொழும்புக்குப் போனதும் கடுதாசி போட்டப் பிறகுதான்

வேறவேல பாக்கணும்” -இது சுப்பையாவின் அன்புத் தங்-
கையின் கட்டளை பருவத்தோடு கொஞ்சி விளையாடிக்
கொண்டிருக்கும் அந்தக் குமரியின் வாழ்வெல்லாம் சுப்பை-
யாவின் உத்தியோகத்தில்தான் தங்கியிருக்கிறது.

சுப்பையாவுக்கு பக்கத்து வீட்டு மங்களம், அடுத்த லயன்-
களிலிருக்கும் சில வேண்டியவர்களெல்லாம் வந்து விபூதி
வைத்து நல்வாக்குகள் கொடுத்தார்கள். சிலர் வெற்றிலையில்
இரண்டு, மூன்று “ரூபாய் வைத்துக் கொடுத்தனர். அந்த
தோட்டத்தில் ஒழுங்காகப் படித்து, ஒரே தடவையில் “பத்-
தாம் வகுப்பு பாஸ்” பண்ணியவன் சுப்பையா மாத்திரமேயா-
கும். அவன் தொழிலாளியின் மகன் என்பதால் தோட்டங்-
களில் உத்தியோகம் வழங்க மறுத்தார்கள். வெள்ளைக்கா-
ரன் காலத்திலிருந்து தோட்டங்களில் “குடும்பப் பின்னணி”
பார்க்கும் ஓர் வழமை இருந்தது. இந்த வழமையை உரு-
வாக்கியவர்கள் அன்று தோட்டங்களில் உத்தியோகம் பார்த்த
தமிழர்களேயாகும்.

தொழிலாளியின் மகன் தோட்ட நிர்வாகத்தில் வேலைக்கு
வந்து விட்டால் அவன் தொழிலாளிக்கு சப்போர்ட் பண்ணு-
வான் என்ற உண்மையை அன்றைய வெள்ளைக்கார நிர்-
வாகிகள் ஏற்றுக் கொண்டிருந்தார்கள்.

இரண்டு வருசங்கள் தான் பிறந்து வளர்ந்த பிரதேசத்தில்
உத்தியோகம் பெற முடியாத சுப்பையாவுக்கு இன்று
கொழும்பு தலைநகரத்தில்-அதுவும் துறைமுகத்தில் வேலை
கிடைத்திருக்கிறது. தான் ஆடாவிட்டாலும் தன் சதை
ஆடும் என்பார்கள். ஒரு தொழிலாளியின் மகனுக்கு உத்-
தியோகம் கிடைத்ததில் மற்ற எல்லாத் தொழிலாளர்களும்
பெருமைப்பட்டார்கள். எல்லோருமாக சுப்பையாவை வாழ்த்-
தியனுப்பினார்கள்.

சுப்பையா பெட்டி, படுக்கையோடு புறப்பட்டான்.
அவனது அன்புத் தெய்வம் பார்வதியம்மாள் காட்டு ரோட்டு
காளி கோயில் வரை வந்து வழியனுப்பி வைத்தாள்.

அவளது நெஞ்செல்லாம் அந்த தேயிலைக் கொழுந்து போல் பூத்துத் தளிர்ந்தது! “எம்மவனை கொழும்புக்கு அனுப்பி வச்சுட்டேன்; நான் இப்போ... ஒரு கௌhக்கரின் தாய்!” அவள் பூரித்துப்போனாள். வழியில் கொழுந்தெடுத்துக் கொண்டிருந்தவர்களெல்லாம் அவளையும் சுப்பையாவையும் மாறி, மாறி பார்த்த காட்சி! சிவனாண்டி பெட்டியைத் தூக்கிக் கொண்டு வீறு நடை போட்ட அழகு!

பார்வதியம்மாளை எல்லாரும் வழி மறித்து-வழி மறித்து விசாரித்தார்கள். “ஆமாங்க...தம்பி...கொழும்பில கௌhக்கர் வேலைக்குப் போவுது.” நெஞ்சு நிறைய பதில் சொன்னாள். அதில் கர்வமும் தொனித்திருந்தது.

அவள் முச்சந்தியில் எவருக்கும் தெரியாமல் ஒரு பிடி மண் அள்ளிக் கொண்டு போனாள். பல பேர்களின் காலடி. மண் மகனை நினைத்து திட்டி சுத்தி போடுவதற்கு.!

சிவனாண்டி தோடம்பழம் முதல் புளிச்சோறு வரை தோல் பெட்டியில் அடைத்துப் பெருஞ்சுமையாய் சுமந்து கொண்டு, சுப்பையாவுக்கு முன்னால் தொங்கு தொங்கு வென ஒடுகிறான். அவனுக்கு பழைய நினைவும் வருகிறது. இந்த மாதிரி பெட்டி நிறையப்பாரத்தைச் சுமந்து கொண்டு எத்தனை துரைமார்களுக்கு. இப்படி தொங்கு நடை நடந்திருப்பான்...! இன்று தூக்கிச் செல்லும் சுமையில் புது தெம்பு-தெளிவு-பெரு மகிழ்ச்சி எல்லாமே நிறைந்திருக்கிறது!

சுமையோடு ஒடி நடக்கும் சிவனாண்டி இடைக் கிடையில் “தம்பி கவனம்! சம்பாத்து வழுக்கும்!” என்று தேவையற்ற நிதானங்களையெல்லாம் பிதற்றிக் கொண்டு போகிறான். வாழ்க்கையில் எதை அடைய நினைத்தானோ அதை அடைந்து விட்ட எக்களிப்பு. “நான் பெத்த மகன். தொரை!... அவனுக்கு நான் பெட்டி சுமக்கிறேன். மாரி ஆத்தா! ஒனக்கு முன்னூறு தேங்கா ஓடைக்கிறேன்...” அவனது வாய் பேசாததை நெஞ்சம் பேசி மகிழ்ந்தது.

ஓட்டமும் நடையுமாகிக் கொண்டிருக்கும் சிவனாண்டியின் மூளையை இன்னொரு விசயம் குடைந்து கொண்டி-

ருந்தது...

"தம்பி சுப்பு...! வேல கெடைச்சது பெரிய விசயமில்ல. நம்ம பிரஜாவுரிம... பத்திரத்தப் பாத்து... எவனாவது பெரிய அதிகாரி மேட்டுக்கும்... பள்ளத்துக்கும் இழுத்துப்புட்-டான்னா... போச்சு...! நீ தைரியமா பதில் சொல்ல-ணும்..."

"அத பத்தியெல்லாம் மண்டையப் போட்டுக் கொழப்-பாதீங்க... நான் சமாளிச்சுக்குவேன்..." சுப்பையா பதில் சொன்னான்.

இருவரும் அட்டன் புகையிரத நிலையத்தை வந்தடைந்-தார்கள். சுப்பையாவை ஏற்றிச் செல்வதற்கு உடரட்டமெ-னிக்கே கோச்சு சிங்கமலை சுரங்கத்திலிருந்து கதறிக் கொண்டு ஓடி வருகிறது. சிவனாண்டி "சேப்பு" நிறைய விருந்த சில்லறைகளையெல்லாம் கொடுத்து கொழும்பு கோட்டைக்கு ஒரு டிக்கட்டும், தனக்கு ரயிலடிக்குப் போகும் "பிளட்போம்" டிக்கட்டும் வாங்கிக் கொண்டான்.

-வண்டி வந்து நின்றது.

மகனைப் பிரியப் போகும் நிலையில். சிவனாண்டி தேம்-பினான். பிள்ளையைப் பெற்றதிலிருந்து இன்றுவரை பிரிந்-தது இல்லை... இருவரும் கட்டிப்பிடித்துக் கொண்டனர்.

"சாமி! கவனமாப் போயிட்டு வா கண்ணு! காசு பத்த-ரம்... உடுப்பு பெட்டி கவனம்... கோச்சியில சாப்பாட்டுக்கட இருக்கு... சாப்பிட்டுக்கிட்டே போவணும்... போயி... ஒடனே தந்தி அடிக்கணும். இல்லாட்டி ஓங்கம்மா... ஒப்பாரி வச்சிக்கிட்டே இருப்பா..."

இரண்டு கரங்களையுந் தூக்கி மகனை வணங்குகிறான். நெஞ்சை உருக்கும் காட்சியால் வண்டி நகர்கின்றது.

சிவனாண்டி வீட்டை நோக்குகிறான். பிள்ளையைப் பிரிந்த வேதனையிருந்தாலும் பெருமை குறையாமல் அந்த தந்தையுள்ளம் மகிழ்ச்சியில் ஆழ்ந்தது.

சுப்பையாவை சுமந்து கொண்டு அவனுக்கு புதுவாழ்வு அளிக்க அந்த எக்ஸ்பிரஸ் கர்ணகடூரமாகச் சத்தமிட்டுக்

கொண்டு பறந்தது.

உருண்டோடும் வண்டிச் சக்கரத்தைப் போல அவனது உள்ளக்கிடங்கில் கொப்பளித்த எண்ணக் குமிழிகள் நதியாகப் பெருக்கெடுத்தன.

நான் பிறந்து வளர்ந்து பெரியவனாகி பள்ளி வாழ்க்கையில் என் பாதி வாழ்க்கையைக் கழிக்கும் வரை, என் க~;ட ந~;டங்களைச் சுமந்த என் பெற்றோர்கள் இன்னுமா எனக்கு சுமைதாங்கிகளாக இருக்க வேண்டும்? வேண்டாம்!

அந்தப் பாவத்துக்குரியவனாக நான் இனிமேலும் இருக்க விரும்பவில்லை. காலமெல்லாம் மழை-புயல் பாராது... கண்டவர்களது வசை மொழிகளுக்கும் ஏச்சுக்கும் பேச்சுக்கும் செவிமடுத்து, உழைத்து என்னை இந்த நிலைக்கு ஆளாக்கி விட்ட அவர்களுக்கு நான் தொடர்ந்து சுமையாகவிருந்தால் என்னைப் போல ஒரு கேவலமானவன் எங்குமே இருக்கமாட்டான்.

-அந்தக் குறையைத்தான் இன்றோடு தீர்த்து விட்டேனே...

கொட்டும் மழையில்- கொடுமையான குளிரில்பனியில் என்னைப் பெற்றவள், முதுகு வளைய கூனிக்குறுகி காடு மேடெல்லாம் சுமந்து செல்லும் ஒரு கூடை கொழுந்தைவிட நான் பெரும்பாரமாக இருந்திருக்கிறேன்.

என் வாழ்க்கையை வளப்படுத்த அவள் பட்டபாடுகளையும், கங்காணி, கணக்கப்பிள்ளை, துரை ஆகியவர் களிடமிருந்து வாங்கிய வசை மொழிகளையும் சொல்லியழுதாலுமே என் சுமையெல்லாம் குறைந்து விடாதா..?

என் தந்தை என் படிப்பு செலவுக்காக எத்தனை எத்தனை பேர்களிடம் கையை நீட்டியிருப்பார்...? என் தாயின் கழுத்தில் கிடந்த அந்த தாலி மணிகள் இரண்டையும் எத்தனை முறை கழற்றி அடகு வைத்து எனக்கு ரயில் சீசன் டிக்கட் வாங்கிக் கொடுத்திருக்கிறார்...?

என்னைப் படிக்க வைத்து அழகு பார்க்க அவர் என்னென்ன செயல்களெல்லாம் புரிந்திருக்கிறார்! இவர்கள்

வாழ்க்கையில் ஒர் விடிவுகாலத்தை உண்டாக்கத்தானே இன்று வேலைக்குப் போகிறேன். என் குடும்ப சுமையெல்லாம் இந்தக் குமாஸ்தா வேலையில்தான் இறங்கப் போகிறது... என் தொழிலில் கிடைக்கும் ஊதியத்தைக் கொண்டுதான் அவர்கள் இனிமேல் குடும்பம் நடத்த் வேண்டும்.

என் அன்புத் தங்கையின் திருமணம் எனது கரங்களில்தான் இருக்கிறது... என்னைப் படிக்க வைக்க வேண்டுமென்பதற்காக அவளும் கூலிக்காக கொழுந்துக் கூடையை மாட்டினாள். வயது வந்த அவளுக்கு ஒரு வரன் தேடி ஜாம்... ஜாம்... என்று கல்யாணத்தை முடித்து வைக்கப் போகும் இந்த அண்ணனைப் போல பாக்கியசாலி யார் இருக்க முடியும்?

என் தம்பிகளும், சின்னத்தங்கைகளும் படித்து வளர்ந்து, ஆசிரியராக... கணக்காளராக... உயர்ந்த பதவி களை வகிக்கும் காலம் வரத்தான் போகிறது. நான் கொழும்பு நகரத்திலே வசதி உள்ளவனாக வாழ்க்கையை அமைத்துக் கொண்டு, என் குடும்பத்தை, தோட்டத்தை விட்டே வெளியில் எடுத்து விடவேண்டும்! இந்த தோட்டத்து கூலி வாழ்க்கை முறை இனி வேண்டாம்... !

ஒரு சாதாரண தோட்டக் கூலியின் மகனை இந்த நாட்டில் பரந்து வாழ்வதற்கு வழி வகுத்துக் கொடுத்த என் பெற்றோர்களுக்கு நான் செய்யும் கைம்மாறு இதுவாகத்தான் இருக்க முடியும்.

-இப்படி அவனது எண்ணச் சக்கரம் அந்த எக்ஸ்பிரஸ் வண்டியைவிட வேகமாக ஓடியது.

சுப்பையா சோம்பல் முறித்து நீண்ட பெருமூச்சு விட்டான்.

காலை பதினொரு மணிக்கு அவனைச் சுமந்த வண்டி மாலை நான்கு மணியளவில் கொழும்பு கோட்டையில் இறக்கி விட்டது.

சுப்பையா தான் புதிதாக வாழப் போகும் சொர்க்க பூமியில் காலடி வைத்ததும் தன்னை மறந்தான். தன் குடும்-

பத்தை மறந்தான். அவனது கவலைகளெல்லாம். எங்கோ ஓடி ஒளிந்து கொண்டன. என்ன... நகர வாழ்க்கை காலமெல்லாம் பட்டினி கிடந்தே வாழ்க்கையை ஒட்டலாம் போலிருக்கு...! "கெட்டும் பட்டணஞ் சேர" என்று சும்மாவா சொன்னார்கள். அவன் உள்@ர மகிழ்ந்து போனான். நானும் இனிமேல் ஒரு பட்டினவாசி...! கொழும்பு துறைமுகத்தில் ஒரு குமாஸ்தா...! ஒரு தொரை...! அவன் ஆண்மை நிமிர்ந்தது.

துறைமுகத்தில் சுப்பையாவைக் கண்ட லாரிகளும் சரக்கு வண்டிகளும் மூலைக்கொரு பக்கமாக ஓடிக் கொண்டிருந்தன. பெரிய பெரிய "கிரேன்" களெல்லாம் புதிதாகவந்த சுப்பையா தொரைக்கு வணக்கம் தெரிவிப்பது போல் தாழ்ந்து பணிந்தன...! எங்கிருந்தெல்லாமோ வந்த கப்பல்கள் தங்கள் சுமைகளை இறக்கிக் கொண்டிருந்தன. சுமைகள் குறையும் போது அவைகள் கூட அந்த ஆழ்கடலில் எவ்வளவு அழகாக குதியாட்டம் போடுகின்றன.!

ஆமாம்! சுப்பையாவும் சிறு நொடியில் அவ்வாறு துள்ளிக் குதிக்கப் போகிறான்.

சுங்க இலாகா தலைமை காரியாலயம். அதன் நுழைவாயிலிருந்து முப்பது யார்வரை வேலைக்கு தெரிவு செய்யப்பட்ட கூட்டம் "மார்ச்" பண்ணி நின்று கொண்டிருக்கிறது. முன்னுக்கு நின்றவர்கள் மகிழ்ச்சித் தவழ, சுறுசுறுப்புடன் நகர்ந்து கொண்டிருக்கிறார்கள். புதிய வேலைகளை "பாரம்" எடுத்தவர்கள் "பியூன்" பின்னால் தங்கள் காரியாலயங்களை நோக்கிச் சென்று கொண்டிருக் கிறார்கள். இன்னும் ஐந்து ஆட்களுக்குப் பிறகு சுப்பையா தன் வேலை பொறுப்பை "பாரம்"; ஏற்கும் நேரம் நெருங்கி விட்டது.

அவன் தான் கொண்டு வந்துள்ள பிரஜாவுரிமை பத்திரத்தைப் பற்றியே நினைத்துக் கொண்டிருந்தான். அந்தப் பத்திரத்தை உள்ளே அமர்ந்திருக்கும் உயர் அதிகாரி ஏற்றுக் கொண்டு விட்டால். உலகமே அவனது காலடியில்... அதை வீட்டிலே தேடிப்பிடித்த சம்பவத்தை மீட்டிப் பார்த்தான்...

அம்மா ஒரு பக்கமும் அப்பா ஒரு பக்கமும் தேடி களைத்து விட்டார்கள். “எந்தப் பொருளையும் அளவுக்கு அதிகமாகப் பத்திரப்படுத்தவும் கூடாது. கடைசியில் தேடி மாயாது.” என்று முணுமுணுத்த சிவனாண்டி கடைசி முயற்சியாக பரணில் வைத்திருந்த தகரப் பெட்டியை எடுத்துத் திறந்து பார்த்தான். உள்ளே பழைய கடதாசி கட்டுகள். ஒரு மூலையில் கடதாசிகளை எலிகள் கடித்து, குதறி கூடு கட்டியிருந்தன.

தகரப் பெட்டியைக் குப்புற கொட்டினான்சிவனாண்டி. அன்று பிரசவித்த எலிக்குஞ்சுகள் நான்கு அப்படியே கிடந்தன. சிவனாண்டி கூடு கட்டிக்கிடந்த கடதாசி துண்டுகளைச் சேர்த்துப் பார்த்தான். அதுதான் சிட்டிசன் சிப்பு: ‘முருகா!” என்று தலையில் கையை வைத்தான்.

சுப்பையா துண்டுகளைச் சேர்த்துப் பார்த்தான். அந்தப் பத்திரத்தில் பார்வதியம்மாள், சிவனாண்டி, சுப்பையா, ஆகிய மூவருடைய பெயர்கள் இருக்கவேண்டும். மற்ற பிள்ளைகள் இந்தப் பத்திரம் கிடைத்த பிறகு பிறந்தவர்கள். சுப்பையா பெயர்கள் இருக்கும் கடதாசி துகிலைத் தேடினான். அந்தப் பகுதியைத்தான் எலிகள் சாப்பிட் டிருக்க வேண்டும். சாட்சி சொல்வதற்காக, அதிர~;ட வசமாக ஒரு பகுதி மாத்திரம் குற்றுயிராகக் கிடந்தது!

“இன்டியன் பாகிஸ்தானி ரெசிடன்ட் சிட்டிசன் சிப்” இன்னுமொரு கடதாசி துகிலில் கமி~னரின் கையொப்பம் இருந்தது. மற்ற கடதாசி துண்டுகளையெல்லாம் சேகரித்துக் கொண்டான். அவன் கண்களுக்கு கடவுள் தெரிந்தது போல் “சீரங்கன் மகன் சிவனாண்டி” என்ற பெயர் காணப்பட்ட பகுதியும் கிடைத்தது. இந்த கடதாசி துண்டுகளையெல்லாம் ஒரு “பொலித்தீன” உறையில் பத்திரமாக வைத்துக் கொண்டு பெருமூச்சு விட்டான். “பிரஜாவுரிமை பத்திரம” தொலைந்து போனால் அல்லது அழிந்து போனால் புதிதாக நகல் எடுக்க முடியாத சட்டத்தையும் அவன் அறிந்திருந்தான்.

அந்த கடதாசி துகில்களோடுதான் இங்கு. இன்று வந்து நிற்கின்றான்.

"மிஸ்டர் சுப்பையா...!" பியூன் சத்தமிட்டான். சுப்பையா உயர் அதிகாரியின் அறைக்குள் மிகவும் பணிவாக நுழைந்-தான்.

"சிட்டவுன் மிஸ்டர் சுப்பையா..."

"தேங் யூ சேர்..."

சுப்பையாவின் கல்வி சான்றிதழ்களையும் விளையாட்டுச் சான்றிதழ்களையும் பார்வையிட்ட அதிகாரி அதிசயப் பட்-டார். "நீங்கள் எல்லா பாடங்களிலும் விசே சித்தி பெற்றி-ருக்கிறீர்கள் டைப்பிங் தெரியுமா?"

"தெரியும்..."

"வெரிகுட்! உங்கள் வேலைத் திறமைகள் திருப்தியாகக் காணப்பட்டால் "செக்ரட்டரில் போஸ்ட்" கிடைக்கவும் சந்-தர்ப்பம் இருக்கிறது" என்றார்.

சுப்பையா புஸ்ப விமானத்தில் பறந்தான்.

அதிகாரி தொடர்ந்தார்...

"உங்கள் தேசிய அந்தஸ்து..?"

"இலங்கை பிரஜை... தமிழர்."

"நீங்கள் மலைநாட்டுத் தமிழராச்சே. நீங்கள் பதிவு பிரஜை தானே...?"

"ஆமாம் பதிவு பிரஜை..."

"அப்படியென்றால் பத்திரத்தைக் காட்டுங்கள்..."

சுப்பையா தயங்கி... தயங்கி "பொலித்தீன் உறையை நீட்டி நடந்த விபரங்கள் யாவற்றையும் கூறினான். அவன் உடல் வியர்வையில் குளித்தது. அதிகாரி மின்விசிறியை மிடுக்கினார். சுப்பையாவின் கையிலிருந்த பேப்பர் துகில்கள் யாவும் காற்றில் பறந்தன.

உயர் அதிகாரி சிலையாக சமைந்திருந்தார். ஒரு நாட்-டின் குடிமகனின் தேசிய அந்தஸ்தை இப்படி ஒரு விதத்-திலும் அடையாளங் காட்ட வேண்டியிருக்கிறது!. அவரது மனிதாபிமானம் மனதுக்குள்ளேயே எரிந்து சாம்பராகியது.

“வெரி சொரி... மிஸ்டர்... இது அரசாங்க உத்தியோகம் இந்த நாட்டுப் பிரஜைகளுக்குத்தான் இந்த வேலைகளை வழங்க முடியும். உங்களை இந்த நாட்டுன் பிரஜை என்று நிரூபிக்க தகுந்த சான்றுகள் போதாது.. போய் வாருங்கள்..”

பியூன் இன்னொருவரை உள்ளே வரும்படி சத்தமிடுகின்றான்.

...அரைப் பைத்தியமாகி வெளியே வந்து கொண்டிருந்த சுப்பையாவின் உதடுகள் என்னவெல்லாமோ... உளறிக் கொட்டின.

ஏன் நான் மாத்திரம் இந் நாட்டின் ஏனைய பிரஜைகளைப் போல இல்லை...? எனக்கு மாத்திரம் ஏன் பத்திரத்தை வழங்கி பிரஜையாக்கியுள்ளார்கள்? எனக்கு மாத்திரம் ஏன் பேப்பரை கொடுத்துள்ளார்கள்? நான் ஒரு பேப்பர் பிரஜை...! “பதிவு பிரஜை...! இந்த பிரபஞ்சத்திலேயே “கடதாசி பிரஜைகள்” “பதிவு பிரஜைகள்” என்று மகுடம் சூடப்பட்டு அவமானப்பட்டுக் கொண்டிருப்பவர்கள்தான் என் பரம்பரை...! என்பத்திரத்தை எலி கடித்துவிட்டது. நான் ஒரு எலி கடித்த பிரஜை! என் பிரஜாவுரிமை பத்திரம் நனைந்து விட்டால்... நான் இந்த நாட்டின் நனைந்த பிரஜை... என் பத்திரம் கிழிந்து விட்டால்... நான் ஒரு கிழிந்த பிரஜை... என் பத்திரம் எரிந்து விட்டால்... நான் ஒரு எரிந்த பிரஜை... அவன் பிதற்றல் ஒயவில்லை.

கொழும்பு வெய்யில் அவனை கொடுமையுடன் சுட்டெரித்தது. கப்பல்கள் ஓலமிடுகின்றன, அவைகள் மேல் உயரமான “கிரேன்”களிலிருந்து சுமைகள் ஏற்றப்படுகின்றன.

18. ஓசி பேப்பர் - எஸ்.கண்ணன்

மச்சக்காளையின் முன்னால் போய் சேலைத் தலைப்பை இழுத்து மூடிக்கொண்டு உட்கார்ந்தபோது, காசியின் பெண்டாட்டிக்கு கூச்சம் தாங்க முடியவில்லை.

அதனால் கொஞ்ச நேரத்திற்கு அவளால் வாயைத்திறந்து பேசவே முடியவில்லை. அதற்காக எத்தனை நேரத்திற்குக் கூச்சப் பட்டுக்கொண்டே உட்கார்ந்திருப்பது? மச்சக்காளையும் அவர் பாட்டுக்கு வாயைத் திறக்காமல் — நல்லதாய்ப் போயிற்று என்கிற மாதிரி அவளைப் பார்த்துக்கொண்டே உட்கார்ந்திருந்தார்.

யாரிடத்திலும் முதலில் வாயைத்திறந்து 'என்ன விஷயம்?' என்று கேட்கிறது மட்டும் அவரின் அகராதியில் கிடையாது! ஆனால் பதிலுக்கு காசியின் பெண்ட்டாட்டியும் அவளுடைய அகராதியை மடியில் வைத்துக் கொண்டிருந்தால் காரியம் நடக்காது.

அதனால் கூச்சத்தை எல்லாம் மூட்டைகட்டி வைத்துவிட்டு அவள் வந்த விஷயத்தை படபடவெனச் சொல்லி முடித்துவிட்டாள். இதற்குமேல் கெஞ்ச முடியாது என்று சொல்கிற அளவுக்கு அவரிடம் காசியின் பெண்டாட்டி கெஞ்சிப் பார்த்துவிட்டாள். அவள் சொன்னதையெல்லாம் கேட்டுக் கொண்டிருந்துவிட்டு மச்சக்காளை அவர் பாட்டுக்கு காது குடைய ஆரம்பித்துவிட்டார். காசியின் பெண்டாட்டியிடம் பேசுவதை விட காது குடைவது அப்போது அவருக்கு ரொம்ப அவசியமாக இருந்தது.

'கல்யாண வீட்டிற்கு போவதற்குத்தான்' என்று சொல்லி, நடக்கப்போகிற திருமணத்தின் அழைப்பிதழைக் கூட எடுத்து, காது குடைந்து கொண்டிருந்தவரிடம் காட்டிவிட்டாள் காசியின் மனைவி. மச்சக்காளை அந்த அழைப்பிதழை திரும்பிப் பார்த்தால்தானே...

கண்களை ரொம்ப சுகமாக மூடியவாறு காது குடைந்துகொண்டே, "கல்யாண வீட்டுக்கு அசல் பவுன் நகையைத்தான் போட்டுட்டுப் போகணும்னு சட்டமா இருக்கு? மூணு நாளைக்குத்தானே... அம்மாவும் மகளும் ரெண்டு மூணு கவரிங் நகைகளை வாங்கி ஜிலுஜிலுன்னு மாட்டிக்கிட்டு போயிட்டு வாங்க..."

மச்சக்காளை இப்படிச் சொன்னதைக்கேட்டு காசியின் பெண்டாட்டி மனசு என்ன ஒரு பாடு பட்டது என்பது ஒரு-பக்கம் இருக்கட்டும், இவை அத்தனையையும் தூரத்தில் நின்றபடி பார்த்துக் கொண்டிருந்த கதிரேசனின் மனசு பொங்கிப் பொருமி விட்டது. இத்தனைக்கும் கவரிங் நகை-கள் என்றால் என்னவென்று தெரியாத பருவம் அவனு-டையது. ஆனால் மச்சக்காளை சொன்ன தோரணையில் இருந்து அது எதோ ஒரு 'டூப்ளிகேட்' சமாச்சாரம் என்பது புரிந்துவிட்டது. கோபத்தோடு பாய்ந்து தகப்பனின் கழுத்தை நெறிக்க வேண்டும்போல இருந்தது.

'நீயெல்லாம் ஒரு மனுசனா?' என்று ஆவேசத்தோடு கத்த வேண்டும் போலவும் இருந்தது. இருந்தாலும் இந்த இரண்டையும் காரியத்தில் கதிரேசனால் செய்ய முடிய-வில்லை. அதற்குக் காரணம் அப்போது அவன் பன்னிரண்டு வயதுப் பையனாக இருந்ததுதான். அதனால் மச்சக்காளை-யின் ஈவு இரக்கம் இல்லாத வட்டிக் கடையின் மனிதாபி-மானம் இல்லாத நடைமுறைகள் எதையும் பற்றி நேருக்கு நேராக எதிர்த்துக் கேள்வி கேட்கிற வலிமையும் தைரியமும் கதிரேசனுக்கு இல்லாமலேயே இருந்தது.

ஆனால் தகப்பனிடம் கொஞ்சமும் பிடிக்காத மற்றொரு விஷயத்தில் கதிரேசன் நேரிடையாக சம்பந்தப் பட்டிருந்-தான். அப்போது ஒருநாள் ரொம்பவும் மானம் போகிற மாதி-ரியான அனுபவத்திற்கு ஆளாக நேர்ந்தபோது மட்டும் அதே பன்னிரண்டு வயதிலேயே அவன் தைரியமாக அவனின் எதிர்ப்பைக் காட்டிவிட்டான்.

அந்த விஷயம் மச்சக்காளை தினமும் கட்டுக் கட்டாக ஊதித் தள்ளும் பீடி சமாச்சாரம்தான்! தினசரி சுமார் இரண்டு கட்டு பீடிகள் பிடிப்பார் மச்சக்காளை. சிகரெட் குடிக்கலாம்தான். ஆனால் அது பீடியைவிட விலை கூடு-தல். வட்டிக் கணக்கு போட்டுப் பார்த்தால் கணக்கு எங்-கேயோ போகும்! அதனால் பீடி! பீடி பிடிப்பதை நிறுத்தினால் லாபம்தான். ஆனால் அவரால் பீடி பிடிக்காமல் இருக்க முடியாது.

பொழுது விடிந்து தூக்கம் கலையும்போதே பீடியின் முகத்தில்தான் அவர் முழிப்பார். காலையில் எழுந்ததும் அவர் செய்கிற முதல் காரியம் பீடி பற்ற வைத்துக் கொள்வ- துதான். இரண்டாவது காரியம் பற்றவைத்த பீடியோடு கழிப்- பறையை நோக்கிச் செல்வது! பீடி பிடிக்காமல் மச்சக்காளை- யால் காலைக்கடனை முடிக்க முடியாது!

ரொம்பச் சின்ன வயதில் இருந்தே அந்தப் பழக்கம் அவருடைய ரத்தத்தில் ஊறிப்போய் விட்டது. அதற்கும்மேல் மச்சக்காளை 'மூல' வியாதிக்காரர் வேறு. பீடியோடு காலைக் கடனைத் தீர்க்க கழிப்பறைக்குள் போனால் மனிதர் வெளியில் வர குறைந்தது அரைமணி நேரம் ஆகும். இந்த அரைமணி நேரத்தில் கழிப்பறைக்குள் அவர் குறைந்- தது மூன்று அல்லது நான்கு பீடிகளாவது பிடித்துவிடுவார். உள்ளே அவர் பிடித்த பீடிகளின் புகை நாற்றமெல்லாம் எங்கே போகும்? சுற்றிச் சுற்றி கழிப்பறைக்குள்தான் அத்- தனை புகையும், நாற்றமும் இருந்து கொண்டிருக்கும். அதனால் அவர் வீட்டின் கழிப்பறைக்குள் தாங்க முடியாத பீடி நாற்றத்திற்குத்தான் முதலிடம்!

ஆனால் அதைப்பற்றி மச்சக்காளைக்கு கடுகளவும் குற்ற மனப்பான்மையோ வெட்கமோ ஒருநாள்கூட ஒருநிமிஷம்- கூட ஏற்பட்டது கிடையாது. அந்தப் பாடு எல்லாம் கதி- ரேசனுக்குத்தான். எந்த நேரமானாலும் பீடி நாற்றமடிக்கும் கழிப்பறைக்குள் போவதென்றாலே அவனுக்கு குடலைப் புரட்டிக்கொண்டு வரும். அப்படி ஒரு நாற்றமடிக்கும் பீடியை சதா வாயில் வைத்துக் கொண்டிருக்கும் தகப்பனை பின் எப்படி மகனுக்கு பிடிக்கும்? அதனால் பீடியின் மேல் இருக்- கும் அதே அருவருப்பு தகப்பன் மேலும் ஏற்பட்டுவிட்டது கதிரேசனுக்குத் தவிர்க்க முடியாததாக இருந்தது. சில நேரங்களில் வீடு முழுவதுமே பீடிப் புகையின் நாற்றத்தால் வீடே கழிப்பறையாய் மாறிவிட்டாற் போலவும் கதிரேசனுக்- குத் தோன்றும்.

பாளையங்கோட்டையில் நிறைய ஆண்களின் கைகளில் கைக்குட்டை எப்போதும் இருந்து கொண்டிருக்கும். மச்-

சக்காளைக்கு பீடிக்கட்டுதான் கைக்குட்டை மாதிரி! எல்லா
நேரமும் அது அவருடைய கையில் இருந்து கொண்-
டிருக்கும். ரொம்பநாள் வரைக்கும் மச்சக்காளை தினமும்
அவருக்குத் தேவையான இரண்டு கட்டு 'சொக்கலால் ராம்-
சேட்' பீடிக்கட்டை பெருமாள் கோயிலுக்குப் பின்புறத்தில்
இருக்கும் 'சம்சுதீன்' கடையில் போய் அவரேதான் வாங்கி
வந்து கொண்டிருந்தார். திடீரென்று என்ன நினைத்தாரோ,
ஒருநாள் கதிரேசனைக் கூப்பிட்டு "நீ இப்ப கொஞ்சம்
பெரிய பையனாயிட்டே; இனிமேட்டு நீ போய் எனக்கான
பீடிக்கட்டை தினமும் வாங்கிட்டு வந்து குடுத்திடு" என்று
சொல்லிவிட்டார்.

இதைச் சற்றும் எதிர்பார்க்காத கதிரேசன் ஒரு நிமிஷம்
திகைத்து நின்றுவிட்டான். அப்பா பாட்டுக்குச் சொல்லிவிட்-
டார். கதிரேசன் கொஞ்சம் பெரிய பையனாகி விட்டானாம்.
எவ்வளவு பெரிய பையன் என்று பார்த்தால் —— பன்னி-
ரண்டு வயதுப் பையன்.

அது வரைக்கும் கதிரேசனுக்கு தினசரி சாயந்திரம் பக்-
கத்து வீட்டில் போய் அப்பா படிப்பதற்காக அன்றாட தமிழ்ப்
பேப்பர் வாங்கிக்கொண்டு வந்து தருகிற வேலைதான்.
சொந்தக் காசில் பேப்பர் வாங்கிப் படிக்கிற ஆள் கிடையாது
மச்சக்காளை. எப்போதுமே ஓசி பேப்பர்தான்!

இத்தனைக்கும் பக்கத்துவீட்டு ஐயரைவிட மச்சக்காளை
பலமடங்கு பெரிய பணக்காரர். ஆனால் அவரோடு கூடப்-
பிறந்த கஞ்சப் பிசினாரித்தனம் காசு கொடுத்து பேப்பர்
வாங்க விடாதபடி அவரின் கைகளைக் கட்டிப் போட்டி-
ருந்தது. சொந்தக் காசில் பேப்பர் வாங்கினால் ஒரு வரு-
ஷத்திற்கு அதற்காக ஆகும் செலவைக் கூட்டிக் கழித்துப்
பார்த்தால் ஏற்படும் 'வட்டி நஷ்டம்' எவ்வளவு என்பது மச்-
சக்காளைக்கு மனப்பாடமாகத் தெரியும் என்பதை திருப்பித்
திருப்பிச் சொல்லிக் கொண்டிருப்பது அனாவசியமானது.

ஆனால் ஒரு முக்கியமான விஷயம். தினசரி ஓசி பேப்-
பர் வாங்கிவரச் சொல்லிப் படிப்பது என்பது மச்சக்காளைக்கு

சிரமம் இல்லாத ரொம்ப சுகமான விஷயமாக இருக்கலாம். ஆனால் அவருடைய பிள்ளை கதிரேசனுக்கு தினமும் பக்கத்து வீட்டு ஐயரிடம் போய் ஓசி பேப்பர் வாங்கி வருவது என்பது தர்மசங்கடமான வெட்கங்கெட்ட வேலையாக இருந்தது.

சாயந்திரம் பள்ளியில் இருந்து வந்ததும் பக்கத்து வீட்டு ஐயர் வீட்டுக்குப் போய் ஓசி பேப்பர் வாங்கி வருவதுதான் கதிரேசனின் முதல் வேலை. சில நேரங்களில் ஓசி பேப்பருக்காகப் போகும்போதுதான் ஐயர் வீட்டு மாமி வேண்டும் என்றே மும்முரமாக பேப்பரை படித்துக் கொண்டிருப்பாள். அதுவும் சினிமா செய்திகளை மாமி ஊன்றிப் படிப்பாள்.

சில நாட்களில் காலையில் வந்த அன்றைய பேப்பர் ஐயர் வீட்டில் எங்கே போயிற்று என்பதே தெரியாது. கதிரேசன்தான் அதைத் தேடி எடுக்க வேண்டும்! தேவையா அவனுக்கு இதெல்லாம்? நொந்துபோய் விடுவான். ஒரேயொரு ஆறுதல் பீடி நாற்றம் இல்லாமல் ஐயர் வீடு சுகந்தமான ஊதுபத்தி, தசாங்கம் வாசனையில் கமழும்.

இத்தனைக்கும் கதிரேசனுக்கு இன்னொரு நொந்து போகிற விஷயம் தெரியாது. அந்த விஷயம் அவனுக்குத் தெரிந்துவிட்டால் இன்னும் மோசமாக நொந்து நூலாகிப் போய்விடுவான்.

அது என்ன விஷயம் தெரியுமா? அவனுக்கு ஐயர் வீட்டில் ரகசியமாக 'ஓசி பேப்பர்' என்கிற பட்டப் பெயரை வைத்து விட்டார்கள். அவனைப் பற்றி ஐயர் வீட்டில் ஏதாவது பேச்சு எழுந்தால் 'ஓசி பேப்பர்' என்றுதான் ரகசியமாக கிசுகிசுப்பார்கள்.

பாவம் ஒரு இடம், பழி ஒரு இடம் என்று சொல்வது இதுதான் போலும். ஓசி பேப்பர் படிப்பது மச்சக்காளை. ஆனால் 'ஓசி பேப்பர்' என்ற பட்டம் கதிரேசனுக்கு!

இது தெரிந்தால் தூக்கிலேயேகூட தொங்கி விடுவான் கதிரேசன். அவ்வளவு உணர்ச்சிகரமான பையன் அவன்!!

19. செல்லாத நோட்டு

– ந. பழநிவேலு

அமுக்கப்பட்ட நியாய உணர்ச்சியைக் கிளர்ந்தெழச் செய்யும் சம்பவமொன்றை அடிப்படையாக

வைத்துக் கதையொன்றைப் பின்னவேண்டு மென்று முனைந்த சமயத்தில் ஞாபகமறதிக்குப் பேர் பெற்ற என் நண்பர் நாடிமுத்து வந்து சேர்ந்தார்.

"ஓகோ! நாராயணசாமி வீட்டிற்குப் போவதற்குப் பதிலாக இங்கேவந்து விட்டேனா?" என்று தமதுஞாபக மறதித் திறமையை வந்ததும் வராததுமாகப் புலப்படுத்திவிட்டு, "ஓய்! உம்மிடம் நான்கு மாதத்திற்கு முன்பு கைமாற்றாக வாங்கிய ஐந்து வெள்ளியைத் திருப்பித்தர மறந்தே போய்விட்டேன். இந்தாரும்." என்று தமது சட்டைப் பைக்குள் கைவிட்டு, ஐந்து வெள்ளி நோட்டு ஒன்றை எடுத்துக் கொடுத்தார் நாடிமுத்து.

எப்பொழுது இவருக்கு ஐந்து வெள்ளி கொடுத் தோம் என்பது எனக்கு ஞாபகமில்லை. நாடிமுத்துவின் நண்பனல்லவா நான்? என்றாலும் வலியவரும் "லட்சுமியை" வேண்டாமென்று மறுக்கவும் மனம் வரவில்லை. வாங்கிக்கொள்ளவும் மனச்சாட்சி இடந்தரவில்லை. இந்த மனக் குழப்பத்தில் நண்பர் சொல்லாமல் கொள்ளாமல் போனதும் தெரியவில்லை. வேறு வழியின்றி வெள்ளியை என் மணிபர்சுக்குள் வைத்துக்கொண்டேன்.

பிறகு, கதை எழுத முனைந்தேன். ஒன்றும் ஓட வில்லை. சிந்தித்துச் சிந்தித்துத் தலையும் வலிக்கத் தொடங்கிவிட்டது; கடற்கரைவரை போய் வந்தால் தான் தலைவலி தீரும்போல் தோன்றியது. உடனே புறப்பட்டுவிட்டேன்.

பஸ்ஸில் ஏறி உட்கார்ந்ததும், வழக்கம்போல் கண்டக்டர், "டிக்கெட் எங்கே வெட்டவேண்டு" மென்று கேட்டு, காசு கேட்டார். என் துர்அதிர்ஷ்டம் என் நண்பர் நாடிமுத்து கொடுத்த ஐந்து வெள்ளி நோட்டைத் தவிர வேறு ஓர் ஐந்து

காசுகூட இல்லை.

அதற்கென்ன, நோட்டை மாற்றினால் போகிறது என்று நோட்டைக் கொடுத்து இருபது காசு டிக்கெட் வெட்டச் சொன்னேன். கண்டக்டர் நோட்டை வாங்கிப் பிரித்துப் பார்த்தார். சடாரென்று அவர் முகம் மாறுபட்டது.

“என்ன ஐயா இது? செல்லாத நோட்டைக் கொடுக்கிறீர்! இது செல்லாது. வேறு சில்லறை இருந்தால் கொடும்.” என்று கடுமையாகக் கூறிவிட்டுத் திருப்பித் தந்தார் அந்த நோட்டை.

எனக்குத் தூக்கி வாரிப்போட்டது. வாங்கிப் பார்த்தேன். நீர் எழுத்து இல்லாத செல்லாத நோட்டு! அத்துடன் அதன் பின் பக்கத்தில் சிவப்பு மையால் “இது என் காதற்பரிசு” என்று யாரோ கோமளம் என்ற பெண் கையெழுத்தும் போட்டிருந்தாள்! விழித்தேன். இதை என் பக்கத்திலிருந்த சில சக பிரயாணிகள் வேடிக்கையாகக் கவனித்தார்களே-யன்றி ஒருவராவது எனக்காக இரக்கப்பட்டு ஒரு இருபது காசு கொடுக்க முன்வந்தாரில்லை. என்னை ஓர் ஏமாற்றுக்-காரனென்றோ கருமியென்றோ அவர்கள் தீர்மானித்திருக்க-லாம். தலையிறக்கத்துடன் பஸ்ஸிலிருந்து இறங்கிவிட்டேன். என்கூடவே ஓர் இளம் பெண்ணும் இறங்கினாள்.

கடற்கரைப் பயணம் இவ்வாறு தோல்வியுற்றதால் வீட்-டுக்கே திரும்பிச்செல்ல எத்தனித்தேன். அப்போது தான் அந்தப்பெண் என் அருகில் வந்து, “ஐயா! மன்னித்துக்-கொள்ளுங்கள். உங்களிடம் ஒரு விஷயம் பேச வேண்டும்.” என்றாள்.

ஓர் இளம் பெண் வலிய என்னுடன் பேசியது என் ஆயுட்காலத்திலேயே இதுதான் முதல் தடவை. வாயெல்லாம் பல்லாக விழித்த கண் விழித்தபடி அவளையே நோக்கிச் சிலையானேன்.

காலேஜில் உயர்தரக் கல்வி பயிலும் மாணவிபோல் காணப்பட்டாள். வயது இருபதுக்குமேலிருக்காது. பே ழகி-யென்று கூற முடியாவிட்டாலும் அறிவின் களை சொட்-

டிற்று. குறும்புக்காரி என்பதை அவள் கண்கள் சொல்லின.

ஆனால் கருமமே கண்ணான அப்பெண், "ஐயா! சற்று முன்பு நீங்கள் பஸ்ஸில் இருபதுகாசு சில்லறையில்லாமல் அவமானப்பட்டது என் மனத்தை மிகவும் வருத்துகிறது. ஆனால் ஓர் இளம்பெண் முன்பின் அறியாத ஓர் ஆடவ- ருக்குக் காசு கொடுத்து உதவினால், ஐயத்தில் ஊறிய இப்- பொல்லாத உலகம் நம்மிருவருள்ளும் விபரீத உறவைக் கற்- பிக்கும். இதற்கு அஞ்சியே நான் வாளாவிருந்•••" என்று கூறுவதற்குள் நான் இடைமறித்து, "அது பற்றி என்ன? நான் புறப்படும்போதே முன் ஜாக்ரதையாக என் மணிப்- பர்ஸைப் பார்த்திருக்கவேண்டும். அப்படிச் செய்யாதது என் தவறு" என்றேன்.

"உண்மையில் நீங்கள் அந்த ஐந்து வெள்ளி நோட்டைக்- கூடச் சரியாகப் பார்க்கவில்லையென்பதை அறிந்து கொண்- டேன்•••" என்று கூறியவள், சிறிது தயக்கத்துடன், "ஐயா! அந்தச் செல்லாத நோட்டு என்னுடையது. தயவுசெய்து அதை என்னிடம் கொடுத்துவிடுங்கள்." என்று கெஞ்சி- னாள்.

இப்போது நான் அவளைப்பற்றிய கற்பனை உலகிலிருந்து முற்றாக விழித்துக்கொண்டுவிட்டேன்.

"அந்த நோட்டு உங்களுடையது என்பதற்கு ஆதாரம்?" என்று ஒரு வினாவை வீசினேன்.

"நல்லது. நான் ஆதாரம் தந்தால் கொடுத்து விடுவீர்கள் அல்லவா?" என்று பதிலுக்கு அவள் புதிரொன்றை வீசி- னாள்.

இவள் எங்கே சொல்லப்போகிறாள் என்ற துணிவில், "சரி" யென்று தலையசைத்தேன்.

"இந்த வார்த்தை உறுதியாக இருக்கட்டும்." என்று ஞாபகப்படுத்திவிட்டு, "இது தங்களுக்கு நாடிமுத்து என் வரால் கொடுக்கப்பட்டது. இதில், "இது என் காதற் பரிசு" என்று எழுதி, "கோமளம்" என்று கையெழுத்திடப்பட்டிருக்- கிறது. போதுமா?" என்றாள் அந்தக் கைகாரி.

எதிர்பாராத இந்தத் திடீர்த்தாக்குதல் என்னை ஊமை-யாக்கிற்று. சுதாரித்துக்கொண்டு, "ஓகோ! நீங்கள்தான் அந்-தக் கோமளமோ? உங்கள் காதலர்தான் நாடிமுத்துவோ?" என்று கேட்கும்போது, அவ்வனிதையின் முகம் குங்குமம்-போல் சிவந்ததைக் கண்டேன்.

அதை ரசித்துக்கொண்டே, "ஆமாம். என் நண்பர் நாடி-முத்து திரும்ப இந்த நோட்டைக் கேட்டால் நான் என்ன பதில் கூறுவது?" என்று அவளையே யோசனை கேட்டேன்.

"ஐயா! சற்றுமுன்பு அந்த நோட்டை எனக்குத் தருவதாக வாக்களித்துவிட்டு, இப்போது தங்கள் வாக்குறுதியினின்றும் பிறழ்வது தங்களைப் போன்ற பெரியவர்களுக்கு அழகல்ல. நாடிமுத்து பெரிய ஞாபகமறதிக்காரர். இந்த நோட்டைச் சரியாகப் பார்க்காமலேயே கொடுத்திருக்கிறார். நீங்களும் அதைப் பார்க்கவில்லை. உங்களிடம் இதைக் கொடுத்த-தைக்கூட இந்நேரம் அவர் மறந்திருப்பார். மேலும், என்னி-டம் இந்த நோட்டு வருவதால் அவர் மகிழ்ச்சியடைவாரே தவிர உங்களை ஒரு போதும் கோபித்துக்கொள்ளமாட்டார். என்னை நம்புங்கள்." என்றாள் அவள்.

நான் எப்போதே அவளை நம்பிவிட்டேன். மேலும் கேள்-விக்கணை தொடுப்பது அநாகரீகம் என்ற தீர்மானத்துடன் மறுபேச்சின்றி அந்த நோட்டை அவளிடம் கொடுத்துவிட்டு நகர்ந்தேன். "தாங்கள். தாங்கள்" என்று மரியாதையுடன் அழைத்தாலும், "பெரியவர்" என்று நாசூக்காக கூறி என் வயோதிகத்தை நினைவூட்டியது எனக்கு என்னவோபோல் இருந்தது.

***

இந்தச் சம்பவம் நடந்த நான்கு நாட்களுக்குப் பிறகு, நாடிமுத்து எனதில்லம் வந்தார். எப்போதும் உற்சாகமும் சுறுசுறுப்பும் கலகலவென்று உரையாடும் சுபாவமும் படைத்த அவர் இந்தத் தடவை எதையோ பறிகொடுத்தவர்போல் காணப்பட்டார்.

"ஏன் ஒரு மாதிரியாக இருக்கிறீர்கள்? உடல்நலமில்-
லையா?'' என்று விசாரித்தேன்.

அதற்கு அவர் நீண்ட பெருமூச்சுவிட்டு, "உடம்புக்கு
என்னவந்தது? அதற்கு ஒரு கேடும் இல்லை. ஆனால் மன
அமைதிதான் போய்விட்டது.'' என்றார்.

"அப்படிப்பட்ட கவலை உங்களுக்கு என்ன ஏற்பட்டு
விட்டது? நானாவது குடும்பத் தொல்லைகள் உள்ளவன்.
நீங்களோ இன்னும் திருமணமாகாத பிரமச்சாரி. உங்களுக்கு
நேரும் கவலைகளெல்லாம் பெரும்பாலும் ஆசா பங்கமா-
கவே இருக்கும்.''

"காதலும் கவலையும் இரட்டைப்பிறவிகள் போலும்.
இதுவும் ஒரு காதல் சம்பந்தமான கவலை தான்.'' என்று
மீண்டும் பெருமூச்சுவிட்டுத் தொடர்ந் தார் நண்பர். இனி
அவரை நிறுத்துவதென்பது எவரா லும் இயலாத காரியம்.
எனவே நான் மௌனமாகக் கேட்கலானேன். அவர் கூறலா-
னார்:-

"நான் இந்த ஊருக்கு வந்த புதிதில் எனக்கு முதன் முத-
லில் அறிமுகமானவர் நண்பர் சுப்பராயலுதான். அதேபோல்
பின்னர் எனக்குக் கிடைத்த நண்பர்களில் முதலிடத்தைப்
பெறக்கூடியவரும் அவர்தான். நீர் இதைக்கேட்டு ஆயா-
சப்படவேண்டாம். ஒளிவு மறைவின்றிப் பேசுகிறேன். உடல்
இரண்டாயினும் உயிரொன்றாகப் பழகினோம். அவருடைய
ஒரே தங்கை கோமளத்தை எனக்கு மணமுடித்துவைத்து
தமது குடும்பத்தில் ஒருவனாக என்னையும் ஆக்கிவிட-
வேண்டுமென்று துடியாய்த் துடித்தார் சுப்பராயலு. கோமள-
மும் என்மீது உள்ளன்பு கொண்டிருப்பதைப் பல வகைகளில்
புலப்படுத்தினாள்.

"ஒருநாள் ஐந்து வெள்ளி செல்லாத நோட்டொன்றைத்
தன் கைப்பையினின்றும் எடுத்து, அதில், "இது எனது
காதற் பரிசு'' என்று எழுதிக் கையெழுத்துப் போட்டுக்
கொடுத்தாள்.

இது எனக்கு ஏமாற்றமாகத்தான் தோன்றியது. கேலியாக, "கோமளம்! காதல் பரிசாக எனக்குக் கொடுக்க உனக்கு இந்தச் செல்லாத நோட்டுத்தானா கிடைத்தது?" என்று வருத்தத்துடன் கேட்டேன்."

"உலகத்தார்க்கு இது செல்லாத நோட்டுதான். ஆனால் எனக்கு இது விலைமதிப்பற்றது. அதனால்தான் இதை உங்களுக்குப் பரிசாக அளிக்கிறேன்." என்று பெருமையுடன் பதிலளித்தாள் என் காதலி.

"அப்படி என்ன விசேஷம் இதில் அடங்கியிருக்கிறது?" என்று அவளை விசாரித்தேன்.

"சரி! அந்தக் கதையைச் சொல்லுகிறேன் கேளுங்கள்." என்று ஆரம்பித்தாள் கோமளம்:-

"இந்தச் செல்லாத நோட்டு எப்படியோ என் கைக்கு வந்து சேர்ந்தது. யார் கொடுத்தார்கள் என்பது தெரியவில்லை. ஆனால் கெட்ட மனம் மட்டும், "உன்னை யாரோ ஏமாற்றிவிட்டார்கள். அதேபோல் நீ யாரையாவது ஏமாற்றினால் என்ன?" என்று கேட்டுக்கொண்டிருந்தது. 'ஐயோ! இது பாவம். நீ ஏமாறியதற்காக ஒரு பாவமுமறியாத மற்றொருவரை ஏமாற்றுவது நியாயமா? அப்படிச் செய்யாதே. என்று நல்ல மனம் இடித்துக் கூறிற்று. "அதற்கென்று நீ வீணாக நஷ்டப்பட வேண்டுமா? ஏமாற்றுதல் இல்லாவிட்டால் இவ்வுலக வாழ்க்கையே இல்லை. எங்கும் எதிலும் இது நீக்கமற நிறைந்திருக்கிறது. யோசிக்காதே. துணிந்து செய்." என்று முடுக்கிவிட்டது கெட்ட மனம். முடிவில் நான் அந்தப் பேய்மனத்திற்கே இரையானேன்.

"இரு கண்களும் சரியாகத் தெரியாத ஒரு சீனக் கடைக்காரரிடம் இந்த நோட்டைக்கொடுத்து, சாக்லேட் 25 காசுக்கு வாங்கிக் கொண்டு, பாக்கி நாலு வெள்ளி 75 காசு பெற்றுக்கொண்டேன். அது செல்லாத நோட்டு என்பதை அவர் எங்கே கண்டுபிடித்துவிடுவாரோ என்ற அச்சத்துடன் கடைக்காரர் கொடுத்த பாக்கித் தொகையை என் கைப்பைக்குள் போட்டுக்கொண்டு விரைந்தேன். பிறகு சில

கடைகளில் ஏறி இறங்கினேன். வீட்டிற்குத் திரும்பும்போ-துதான் கைப்பையை எங்கேயோ விட்டுவிட்டது தெரிந்தது. பதறிப்போய் பல இடங்களில் தேடினேன். பை அகப்படவே-யில்லை. அந்தப் அந்தப் பையில் பத்து வெள்ளி நோட்டு-கள் இரண்டும் சில்லறையும் இருந்தன. அதிர்ஷ்டமாக வந்த நான்கு வெள்ளி எழுபத்தைந்து காசு கையிருப்பில் இருந்த வெள்ளியையும் அடித்துக்கொண்டு போய்விட்டது!

“இப்போதுதான் எனக்கு அறிவு வந்தது. அநியாயமாக ஒருவரை ஏமாற்றியதால்தான் நமக்கு இந்தப் பெரும் நஷ்டம் வந்தது என்று தீர்மானித்தேன். அதற் கப் பிராயச்சித்தமாக அந்தச் செல்லாத நோட்டைத் திரும்பப் பெற்றுக்கொண்டு, அந்தக் கடைக்காரர் நஷ்டப்பட்ட ஐந்துவெள்ளியையும் அவரிடமேகொடுத்து விடவேண்டும் என்று என் உள் மனம் இடித்துக்கூறியது.

“உடனே வீட்டிற்குச் சென்று, பத்து வெள்ளியுடன் அந்-தக் கடைக்காரரிடமே சென்று, மீண்டும் 25 காசுக் குச் சாக்-லெட் வாங்கிக்கொண்டு பத்து வெள்ளியைக் கொடுத்தேன். என் அதிர்ஷ்டம் கடைக்காரச்சீனர் நான் கொடுத்த அதே ஐந்து வெள்ளி செல்லாத நோட்டையும் பாக்கி சில்லறை-யையும் கொடுத்தார். அவரிடம் மேலும் 25 காசு கொடுத்-துவிட்டு, ஞாபகமறதியுடன் வருவதுபோல் வந்துவிட்டேன். இப்போது அவருக்கும் எனக்கும் இருந்த பற்று வரவு தீர்ந்து, கணக்கு நேராகி விட்டது.

“அதிலிருந்து இந்தச் செல்லாத நோட்டை விலை மதிப்-பற்ற பொருளாக மதிக்கிறேன். ஏனெனில் இது என் மனத்தை மாற்றிய அமுத சஞ்சீவியல்லவா?” என்று என்-னிடம் கொடுத்தாள் கோமளம். அந்த நோட்டை நான் எங்கேயோ தொலைத்துவிட்டேன், ஐயா!” என்று அழாத குறையாகச் சொன்னார் நண்பர் நாடிமுத்து.

“ஐயா! உம் நோட்டு எங்கும் போகவில்லை. அதை உமக்கு யார் கொடுத்தார்களோ அவர்களிடமே அது மீண்-டும் போய்ச் சேர்ந்திருக்கிறது. கவலைப்படவேண்டாம் ”

என்று நடந்த சம்பவங்களை விவரமாகக் கூறினேன்.

மறுநாள் அவரிடம் ஐந்து வெள்ளி கடன் கேட்டேன். உடனே எடுத்துக் கொடுத்தார் நண்பர். அந்த நோட்டு என்னைத் திகைக்க வைத்தது. ஏன்? அதே செல்லாத நோட்டுதான்! என் நண்பரின் ஞாபகமறதியை என்ன வென்று சொல்ல?

20. ஒரு ரூபாய் நோட்டு

- வாஷிங்டன் சிரீதர்

பதில் சொல்லத் தெரியாமல் சிவாவுக்கு வாய் அடைத்துப்போய் கொஞ்ச நேரம் உட்கார்ந்தான். பிறகு தன்அறைக்குப் போய் பத்திரமாய் வைத்திருந்த சின்னப் பெட்டி ஒன்றை எடுத்து வந்தான். அதை எடுத்தபோதுஅவனுக்குக் கைகள் சற்று நடுங்கின மாதிரி தோன்றியது. அது பெட்டியைத் தொடும் போதெல்லாம் ஏற்படும்அநுபவம்தான். சிவா பெட்டியைத் திறந்தான். அதில் —

ஒரு ரூபாய் நோட்டு!

சிவாவைப் பொறுத்தவரை அந்த ஒரு ரூபாய் நோட்டு அவன் வாழ்க்கையில் விலை மதிப்பேயில்லாத மிகப்பெரிய பொக்கிஷம்தான்! அதைப் பார்க்கும் போதெல்லாம் அவனுக்கு கண்கள் பனித்துவிடும். வாய்விட்டு சிறிதுஅழலாம்போல மனம் தவிக்கும்.

அந்த ஒரு ரூபாய் நோட்டை வேறு யார் பார்த்தாலும் அவர்கள் கண்களில் எகத்தாளம்தான் மிஞ்சும். 'என்னஇது...சே...மதிப்பில்லாத ரொம்ப பழைய ஒரு ரூபாய் நோட்டு இது...ஓரத்தில் எண்ணை கறை...கையால்தொட்டாலே வாடிப்போன பூப்போல உதிர்ந்துவிடும்போல கிடக்கு...இது ஒரு பொக்கிஷமா? சிரிப்புதான்வருது...' என்றுதான் தோன்றும். ஆனால், அந்த ஒரு ரூபாய் நோட்டு விஷயத்தில் மட்டும் சிவா யார்சொல்வதையும் காதில் போட்டுக்கொள்ள மாட்டான்.

சிவா பதில் சொல்லத் தெரியாமல் தவித்த காரணம் — காலேஜில் முதல் ஆண்டு படிக்கும் அவனுடைய மகன்விமல் பணம் கேட்கும் போதெல்லாம் சிவாவுக்கு சட்டென்று பதில் கிடைக்காது. சில நேரங்களில்இவர்களுக்குள் வாக்குவாதம் ஏற்பட்டு, ஒருவர் கோபத்துடன் போய்விட, மற்றவர் முகத்தை எள்ளும் கொள்ளும்வெடித்த மாதிரி வைத்துக் கொண்டு உட்கார்ந்து விடுவார். சிவாவின் மனைவி கல்பனா நடுவராக வந்து ஓரளவுசமாதானம் செய்வாள்.

செங்கல்பட்டில் பிறந்து வளர்ந்த சிவா, அமெரிக்காவில் தங்கி, படித்து, வேலை, குடும்பம் என்று, காற்றையும்குளிரையும் தாங்கிக் கொண்டு சிகாகோ நகரில் வாழ்க்கையை நகர்த்துகிறான். ஒவ்வொரு நவம்பர் மாதமும்கல்பனாவின் நச்சரிப்பு ஆரம்பித்துவிடும். சிகாகோவில் முதல் பனித்தூறல் விழும் நாளன்று சிவாவுக்குமனைவியின் அர்ச்சனையும் கூடவே விழும் 'சென்னைக்கு நாம எப்பதான் திரும்பப் போறோம்?' என்றகல்பனாவின் சீற்றத்துக்கு 'விமல் மேல் படிப்பு படிக்கணுமே...' என்று அணை போடுவான்.

விமல் நல்ல பையன்தான். ஆனால், காலேஜ் சேரந்து வாடகை அறையில் இன்னொரு பையனுடன் தங்கஆரம்பித்த சில மாதங்களிலேயே தன் சுதந்திரப் பிரகடனத்தை வெளியிட்டான். செலவுக்கு அடிக்கடி பணம்கேட்டான். சிவாவும் கல்பனாவும் கவனமாக போட்ட பட்ஜட் பஞ்சாய் பறக்குமளவு விமல் சிலசமயம்செலவுக்குத் திட்டம் போடுவான். ஒரே வாரிசு என்பதால் விமலுக்கு எந்த குறையும் கூடாது என்று நினைத்து செய்ததின் விளைவோ என சிவா — கல்பனா தம்பதி விவாதிப்பதுண்டு.

சற்றுமுன் விமலுக்கும் சிவாவுக்கும் நடந்த வாக்குவாதத்தில் விமலுக்கு ஓரளவு வெற்றி என்றுதான் சொல்லவேண்டும். விமல் பேசிய ஆங்கிலத்தை தமிழாக்கினால் இப்படித்தான் ஒலிக்கும் —

"நீ செங்கல்பட்டுல வசதி குறைச்சலாலே சிக்கனமா வாழறதுக்கு கத்துக்க வேண்டியதாச்சு. இதுஅமெரிக்கா,

அப்பா! இந்த கலாச்சாரத்தை சரியா புரிஞ்சுக்காமே சிகா-கோவை செங்கல்பட்டுன்னு நீநினைக்கிறயா? உனக்கும் அம்மாவுக்கும் வருமானம் நல்லாதானே இருக்கு...நாம வசதியாதானே இருக்கோம்? என்னை படிக்க வைச்சு கஷ்-டமில்லாம பாத்துக்கறது உங்க பொறுப்புதானே?"

"நீ சொல்றது எல்லாம் சரிதாண்டா விமல்..ஆனா..." சிவாவை முடிக்கவிடாமல் விமல் தொடர்ந்தான்.

"ஆனா நான் ரொம்ப பணம் செலவு செய்யறேன்னு நீங்க ரெண்டு பேரும் நினைக்கறீங்க.... இதானே?"

"செலவு அதிகமா அல்லது கொறைச்சலான்றது எதுக்-காக செலவு அப்படிங்கறதை பொறுத்தது இல்லையா? சில செலவுகளை தவிர்ககவே முடியாது, சிலதை தவிர்ககணும். பணக்காரனுக்குக் கூட பணத்தோட மதிப்புதெரியணும்..."

"அதான் உனக்கு தெரிஞ்சிருக்கே...அதுவே போதும்..."

அப்பாவுக்கு பாடம் சொல்லிக்கொடுக்கும் விம-லுக்கு'சுவாமிநாதன்' என்ற பெயர் வைத்திருக்கலாம்! கோபத்தில் விமல் அங்கிருந்து வேகமாக வெளியேறினான்.

***

பெட்டியத் திறந்தவாறு உட்கார்ந்திருந்த சிவா பழைய நினைவுகளில் தன்னை இழந்து கண்களை மூடியிருந்தான். எவ்வளவு நேரம் அப்படிக் கிடந்தானோ, சத்தம் கேட்டதும் சட்டென கண் விழித்தபோது எதிரேவிமல் உட்கார்ந்திருந்-தான்.

"அப்பா..." விமலின் குரலில் இப்போது சூடு இல்லை... சிகாகோ குளிர் அவனுடைய கோபத்தைத்த-ணித்திருக்கலாமோ?

'உம் .... இப்ப என்ன?' என்பதைப்போல் சிவா ஏறெ-டுத்துப் பார்த்தான்.

"மறுபடியும் அந்த ஒரு ரூபாய் நோட்டை பாத்தபடி வெளி கிரகத்துக்கு போயிட்டியா? அப்படி அதுலஎன்னதான் பெரிய விஷயம்?"

"நீ சின்ன பையனா இருந்தப்போ 'இது இந்தியா பணமாச்சே. இதுக்குப் போய் என்ன மதிப்பு? இதை ஏன் நீஇன்னும் வைச்சிருக்கே? அப்படின்னு கேட்டிருக்கே.

'இப்ப சொன்னா உனக்கு புரியாது, விமல்...நீ கொஞ்-சம்பெரியவனானப்பறம் சொல்றேன்...' னு நான் பதில் சொல்வேன். நான் சொல்லவேண்டிய நேரம் வந்தாச்சுன்னு நினைக்கிறேன்"

சிவா பெட்டியிலிருந்த ஒரு ரூபாய் நோட்டை பார்த்தப-டியே மேலே தொடர்ந்தான்.

"அப்போ எனக்கு பதினாலு வயசு இருக்கும். செங்கல்-பட்டுல கணபதி சினிமா டாக்கீஸ் இருந்தது. அதுலநடிகர் திலகம் நடிச்ச புதுப்படம் வந்து மூணு நாள் ஆகியிருந்தது. என் சினேகித பசங்க எல்லாருமே முதல்நாளே அந்த படத்தை பாத்துட்டாங்க..."

விமல் கவனமாகவே கட்டுக் கொண்டிருந்தான்.

"உன் தாத்தா ஓட்டல்ல மேஸ்திரி வேலை செஞ்சார்னு உனக்கு நான் ஏற்கெனவே சொல்லியிருக்கேன்...படத்துக்-குப் போகணும்னு எங்கப்பாகிட்ட காசு கேட்டேன்...அப்ப-வும் அவருக்கு வழக்கம்போல பணத்தட்டுப்பாடு. ஒரு வாரம் கழிச்சு மறுபடியும் படம் பாக்க காசு கேட்டபோது, என்னை ஓட்டலுக்குவரச்சொன்னார். நான் போனபோது, என் அப்பா அடுப்படியிலே பஜ்ஜி போடறதை நேர்ல பாத்ததுமேதிடுக்-கிட்டுப் போயிட்டேன். மேஸ்திரின்னுதான் பேரு...ஆனா, பலகாரம் போடற ஆளு வராதபோது அப்பாதான் அந்த வேலையை செய்வாராம்...அடுப்புப் புகையும் எண்ணைப் புகையும் சேர்ந்து கொள்ள அப்பா கண்ணைக்கசக்கிக் கொண்டே வேலை செய்த காட்சி இன்னும் மனசிலேயே தெரியுது..."

சிவாவின் குரல் கம்மியது... இளைஞன் விமல் சற்று தடுமாறினான். சிவா மேலே பேசினான்.

"என்னடா, சிவா...படத்துக்கு போக காசு கேட்டியே அவர் கையிலிருந்த கரண்டியை மேடைமேல் வைத்தார்.

சட்டைப் பையிலிருந்து ஒரு ரூபாய் நோட்டை எடுத்தார்; வாணாயிலிருந்து அதில் ஒரு துளிஎண்ணை தெறித்தது. அதை சட்டென்று கையால் துடைத்துவிட்டு என்னிடம் நீட்டி, சினிமா பாத்துட்டுஜாக்கிரதையாய் வீடு திரும்புடா என்றார். என் கையில் ஒரு ரூபாய் நோட்டு வந்ததும் என் முகம் மலர்ந்ததைஅவர் பார்த்தார். அவருடைய முகத்தில் ஓர் அலாதியான திருப்தி தெரிந்தது... இந்த பெட்டியிலி-ருக்கறது...அதேஒரு ரூபாய் நோட்டு, விமல்..."

"அப்படின்னா...நீ அன்னக்கி சினிமாவுக்கு போக-லையா...?"

"சினிமா தியேட்டர் வரைக்கும் வேதனையோடதான் போனேன். என் அப்பா சூடான எண்ணைச் சட்டியின்-பக்கத்தில் கண்ணைக் கசக்கிக் கொண்டு, வியர்வையை துடைத்தபடி, சட்டைப் பையிலிருந்து எடுத்துக்கொடுத்த ஒரு ரூபாய் நோட்டுக்கு மதிப்பு — ஒரு ரூபாய் மட்டுமா? அது அவர் தன் பிள்ளைமேல் வைச்சிருந்தபாசத்தோட சின்னம்னு என் மனசு சொல்லிச்சு...அடுப்படியிலே அப்பா உழைச்-சது அவரோட குடும்பத்துக்காகன்னு நினைச்சப்போ, அப்பா தந்த எண்ணைக் கறை படிந்த ஒரு ரூபாய் நோட்டை எப்-பவுமே செலவு பண்ணக்கூடாதுன்னு வைராக்கியமா இருந்-தேன்...இதோ...இன்னமும் இந்த பெட்டிக்குள்ளேயே..."

பெருமூச்சு விட்ட சிவா, பெட்டியை மெல்ல மூடியபின் விமலை ஏறிட்டுப் பார்த்தான்.

"பணத்தோட மதிப்பு இப்போ கொஞ்சம் புரியது அப்பா..." என்று சொல்லிக் கொண்டே சிவாவை இறுகத்-தழுவிக் கொண்டான்.

இனி பணம் பற்றின விவாதம் சிவாவின் வீட்டில் இருக்-காது என்று நம்பலாம். வேறு எந்த விவாதமும் தொடங்காது என்பதை யார் சொல்ல முடியம்?

21. செய்தி வேட்டை

- டொமினிக் ஜீவா

காக்காய் பிடிப்பது ஒரு கலையென்றால், கயிறு திரிப்பதும் ஒரு கலைதான் என்பதில் அசைக்க முடியாத நம்பிக்கை வைத்திருப்பவர்தான் நமது நித்தியலிங்கம் அவர்கள். கயிறு திரிப்பது என்பது அவருக்கு வாலாயமாக அமைந்துவிட்ட கலை மட்டுமல்ல, தொழிலும்கூட.

நித்தியலிங்கம் ஒரு நிருபர். தினசரிப் பத்திரிகை யொன்றில் விசேஷச் செய்தி நிருபர். பங்குனி மாதத்துத் தாரை நீராக்கும் மதிய வெயிலில் பட்டணத்துத் தெருக்களில் இரண்டே இரண்டு ஜீவன்களைத் தான் பார்த்திருக்கிறேன். ஒன்று தெருசுற்றிப் பொறுக்கும் சொறி நாய்: மற்றது, அதையும் வேகத்தில் தோற்கடிக்கும் சாட்சாத் நித்தியலிங்கம்.

பங்குனி மாதத்துக் கொடுவெயிலாக இருந்தாலென்ன, கார்த்திகை மாதத்துக் கொட்டும் மழையாக இருந்தாலென்ன, வீட்டில் அடைப்பட்டுக் கிடக்காது, தெருக்களையே தனது திருவிடமாக்கிய மகாபிரபு அவர். நூற்கட்டையைத் தையல் இயந்திரத்தில் போட்டுத் தைக்கத் தொடங்கினால் அது எவ்வளவு வேகமாகச் சுழலத் தொடங்குமோ, அவ்வளவு சுறுசுறுப்புடன் பட்டணத்தைச் சுற்றிச் சுற்றி வலம் வருவார், நிருபர் நித்தியலிங்கம். அவரைப் போலத் தம் தொழிலிலே கண்ணும் கருத்துமாக இருப்பவரைக் காண்பது வெகு துர்லபம். செய்தி தம்மைத் தேடி வரட்ட டுமே என்ற மண்டைக் கனம் பிடித்த மனோபாவம் அவ ருக்குக் கிடையாது. தனது தொழிலை அங்குலம், காலம் கணக்கிலும், ரூபா சதத்திலும் கணக்கிடுபவரல்ல.. சில அபூர்வச் செய்திகளைச் சேகரிக்கும் பொழுது முதற் பிரச வத்தில் வெற்றியீட்டிய இளந்தாயின் பெருமிதம் அவரு டைய முகத்தில் பொங்கும். கிட்டாத இன்பமே தனது ஊற்றுப் பேனாவுக்குள் புகுந்துவிட்டதாக இன்புறுவார். சில ரகமான செய்திகள் அவருக்கு மிகவும் பிடித்தமானவை. அம்மாதிரிச் செய்திகளைச் சேகரிப்பதில் அவர் தன்னையே மறந்து விடுவார். சில செய்திகளைச்

சேகரிப்பதற்கு அயராது சலியாது உழைப்பவர்.

பார்த்தனுக் கென்றே படைக்கப்பட்ட காண்டீபத்தைப் போல, அவருக்கென்றே படைக்கப்பட்டதாகத் தோன்றும் அவருடைய பிரசித்தி பெற்ற 'உலக்கை சேப்' ஊற்றுப் பேனாவாற் சுடச்சுடச் செய்திகளை விறுவிறு என்று எழு-தும்பொழுது, அவருடைய முகத்தின் பாவங்களையும், கோணங்களையும், அசைவுகளையும் வைத்தே அந்தச் செய்தியினை ஒருவாறு நாம் வாசித்து விடலாம்.

நித்தியலிங்கத்தை நீங்கள் நிச்சயம் பார்த்திருப்பீர்கள். ஆனால் இவர் தான் நிருபர் நித்தியலிங்கம் என்பதை நீங்-கள் அறியத் தவறியிருக்கலாம். அவரை இன்னும் அடை-யாளம் கண்டு பிடிக்காதவர்கள், பட்டணத்து வீதியை ஒரு தடவை வலம் வந்து விடுவீர்களேயானால், இவர்தான் நித்-தியலிங்கம் என்பதைக் கண்டுவிடுவீர்கள்.

கையில் தொங்கிக் கொண்டிருக்கும் மான்மார்க் குடை; இடது தோளில் ஏகாவடம் விட்டிருக்கும் பரமாஸ். சால்வை; அதே பக்கத்துக் கமக்கட்டில் குந்தியிருக்கும் ஒரு பைல்; அதை நிறைமாதப் பிள்ளைத்தரச்சியாக்கும் காகிதக் கட்டு-கள்; நெஞ்சப் பையில் கொலுவீற்றிருக்கும் உலக்கை மாடல் பாக்கர் பேனா; கால்களில் 'கிறீச் கிறீச்' சென்று ஓசையிடும் செருப்புகள்; இப்படியான அலங்காரங்களுடன் ஒருவரை நீங்கள் வீதியில் பார்த்து விடுவீர்களேயானால், அவர்தான் நித்தியலிங்கம் என்று ஊகித்துக் கொள்ளுங்கள். உங்களு-டைய ஊகம் நூற்றுக்கு நூறு சரியாகத்தானிருக்கும்.

அன்று அவருடைய உற்சாகம் குன்றியது. சாதாரண — மாக அவர் பொறுமையில் சகாராப் பாலைவனத்தில் பிரயா-ணம் செய்யும் ஒட்டகத்தைப் போன்றவர். எத்தனை நாட்க-ளென்றாலும் உணவு, தண்ணீர் இல்லாமல் இருந்து, விடக் கூடியவர். அத்தகைய பொறுமைசாலி. ஆனால் இன்று?

கிடைக்காமலிருப்பது உணவும் தண்ணீருமல்ல; செய்தி!

பல நாட்களாகக் காய்ச்சலில் அடிபட்டவன் ஒரு கவளம் சோற்றை எண்ணி யெண்ணி எவ்வளவு ஆவல் படுவானோ, அவ்வளவு ஆவல் நிறைந்த வேகத்துடன் ஒரு செய்திக்காக,

ஒரேயொரு செய்திக்காக- நிருபர் நித்தியலிங்கம் ஆலாய்ப் பறந்தார்; ஆவலாய்த் துடிதுடித்தார். அவரது காதுகள் ஒரே-யொரு செய்தியைக் காதாரக் கேட்டுவிடக் குறுகுறுத்தன; அவரது வலது கைவிரல்களோ அந்தச் செய்தியைக் கேட்ட மாத்திரத்தில் உடனே எழுதிவிட வேண்டுமென்று துடிது-டித்தன.

ஆனால், அந்தப் பாழாய்ப் போன செய்தி மட்டும் அவர் முன்னால் தலைகாட்டவே பயப்பட்டது; எங்கோ ஒரு மூலை யிற்போய்ப் பதுங்கிக் கொண்டு கண்ணாமூஞ்சி காட்டியது!

விடாக்கண்டர் பரம்பரையைச் சேர்ந்த நமது நிருபர் நித்-தியலிங்கம் அவர்கள் அந்தச் செய்தியை எப்படியாவது — சுருட்டியே தீரவேண்டுமென்ற வைராக்கியத்துடன் அவசர அவசரமாக ஒரு வீதியில் நடந்து கொண்டிருந்தார். எங்-கேயோ சிக்கித் தவித்துக் கொண்டிருந்த செய்தியின்மீது மனம் புதைந்தது. உலகை மறந்தார். பின்னால் 'ஹார்ன்' சப்தம்தான் அவரை நிதர்சன உலகிற்குக் கொண்டு வந்தது. திரும்பிப் பார்த்தார்; கானுக்குள் பாய்ந்து விலகினார். மயிரி-ழையில் அவருக்கு நீண்ட ஆயுளைக் 'காரண்டி' பண்ணும் ஜாதகத்தின் உண்மை நிலைத்தது! பஸ் டிரைவர் நிருபரை ஒரு தடவை முறைத்துப் பார்த்துவிட்டு, பஸ்ஸைச் செலுத்-தினான்.

அவனுடைய முறைப்பு நிருபரை ஒன்றும் செய்துவிட-வில்லை. இந்த முறைப்புகளெல்லாம் அவருடைய தொழிற் துறையில் சகஜம்.

பஸ்ஸைப் பார்த்தது, தான் அதில் பட்டணத்திற்கு வந்த-பொழுது நடந்த சம்பவமொன்று மனதில் நிழலாட்டமிட்டது.

பஸ்ஸில் இரு கிழவர்கள் சுவாரஸ்யமான உரையாடலில் ஈடுபட்டிருந்தனர்.

"என்ன காணும்? உமக்கொரு சங்கதி தெரியுமா? அந்த முத்துத் தம்பீண்டை மகள்-அவள் தான் சீனியர் சூனியர் பாஸ் பண்ணி வீட்டோடு இருந்த இரண்டாம் பொடிச்சி, ஒண்டும் படிக்காத ஒரு காவாலிப் பொடியனோடை முந்த-

நாள் ஓடீட்டாளாம். போலிஸார் தேடுகினம்.”

நிருபர் காதைத் தீட்டிக் கொண்டார். கடலின் மேற்பரப்பைக் கொண்டு, அனுபவம் மிக்க மாலுமி அதன் ஆழத்தை அறிந்து கொள்வது போல, இந்தச் சிறு செய்தியைக் கேட்டதும், நிருபரின் கவனம் இதன் முக்கியத்துவத்தை உணர்ந்து அவர்கள்பால் திரும்பியது. கட்செவி அவருக்கு!

“இதென்ன காணும் புதினம்? போன கிழமை ஒரு பதின்மூன்று வயதுப் பொட்டை முளைக்கைக்கு முன்னம்...” மற்றவர் கதையை முடிப்பதற்கிடையில், “காசை எடுங்கோ...” என்ற பஸ் கண்டக்டரின் குரல் கர்ண கடூரமாக ஒலித்தது.

அவர்களுடைய உரையாடல் அத்துடன் தடைப்பட்டது.

நிருபரைப் பொறுத்தவரை, ‘பெட்டிகட்டி’ப் போடக் கூடிய ஒரு முக்கிய செய்தி மண்ணாய்ப் போய்விட்டது.

சே!

நிருபருக்குக் கோபம் கோபமாக வந்தது. அந்தக் கண்டக்டர் மாத்திரம் ஒரு மேடைப் பேச்சாளராக இருந்தால் ? பேசாத பேச்செல்லாம் பேசினதாகப் போட்டு அவனுடைய மானத்தை வெளு வெளு என்று வெளுத்துக் கட்டியிருக்க மாட்டாரா என்ன? கூட்டத்தைச் சுண்டைக்காயாக்கி... ஒரு தடவை ஒரு பிரபலஸ்தருடைய கூட்டத்தை-பத்தாயிரம் பேர் கொண்ட கூட்டத்தை-பத்துப் பேர்கூடிய கூட்டமாகச் செய்தி பிரசுரித்து அவமானப் படுத்தியதையும், பின்னர் அவருடைய கோபக் கொதிப்பை மூன்று பூஜ்யங்களை அச்சரக்கன் விழுங்கியதென்று சாதித்துச் சமாதானப் படுத்தியதையும் நினைத்துப் பார்த்தார்.

அவனுடைய தலை தப்பியது! அவன் பேச்சாளனல்ல, வெறும் கண்டக்டர்.

அவர் நடந்த கொண்டே இருந்தார்.

***

அவருடைய மூளை மட்டும் சுறுசுறுப்பாக வேலை செய்தது. கிழங்கள் பேசிக் கொண்ட செய்திக்குச் சிறிது தலையும்

வாலும் ஒட்டிக் கயிறு திரித்துவிட்டால் என்ன என்று யோசித்தார். அந்த யோசனையை மறுகணமே உதறித் தள்-ளினார். ஏனெனில், இப்படிக் கயிறு திரிப்பதில் பல வகை-யான சங்கடங்களிருப்பதை அவர் உணருவார். அனு பவரீ-தியாகவே அந்தச் சங்கடத்தினால், வேலை மயிரிழையில் தொங்கிக் கொண்டிருந்தது மட்டுமல்ல, முதுகிற்கு ஈரச் சாக்-குக் கட்டிக் கொண்டு திரியவேண்டியிருந்தது.

இப்படிப் பல நினைவுகளில் மிதந்து நடந்துகொண் டிருந்த நித்தியலிங்கம் ஒரு நாற் சந்திக்கு வந்துவிட்டார். அதன் பக்கத்தில் நின்ற அரசமரத்தைச் சுற்றிலும் ஜனக் கும்பல்; சிறிது ஆரவாரம். அவருடைய மனதில் மகிழ்ச்சி மின்னல் கீற்றென்னப் பளீச்சிட்டது. நம்பிக்கையுடன் கூட்-டத்தை நெருங்கினார். எட்டிப் பார்த்தார். குரலொன்று கணீ-ரென்று ஒலித்தது.

"ஐயா, தருமவான்களே! மந்திரமில்லை; தந்திரமில்லை; மாயமில்லை! ஜாலமில்லை; எல்லாம் வவுத்துக்காகத்தான் ஐயா செய்யிறது, எல்லாம் வவுத்துக்காகத்தான்...!"

செப்படி வித்தைக்காரன் வயிற்றைக் காட்டி, வாயைப் பிளந்து, வார்த்தை ஜாலம் செய்து கொண்டு நின்றான். அடுத்த நிமிஷம் நிருபர், நித்தியலிங்கத்தை அங்கு காண-வில்லை! செய்தி சேகரம் செய்ய வந்த அவர், இதைக் கேட்டுக் கொண்டு நிற்பதற்கு, அவருக்குப் பைத்தியமொன்-றும் பிடித்துவிடவில்லை.

மீண்டும் நடந்து கொண்டே இருந்தார்.

சென்ற வாரம் நடைபெற்ற ஒருசம்பவம், அவருடைய மனதில் குமிழ்விட்டது.

இவருக்கு வேண்டியவர்களான இரு பகுதியினர் தங்கள் தங்கள் பகுதியில் ஒரே நாளில், ஒரே நேரத்தில், கூட்டம் கூடி நிருபருக்கு 'அவசியம் வரவேண்டும்' என்ற குறிப்புடன் அழைப்பும் அனுப்பிவிட்டனர்.

அவர்களுடைய கூட்டத்திற்குப் போனால், இவர்களுக்குக் கோபம்; இவர்களுடைய கூட்டத்திற்குப் போனால் அவர்க-

ளுக்குக் கோபம். எந்தக் கோபத்தையும் சம்பாதிக்க விரும்-
பாமல், இரு கூட்டத்திற்குமே போக வில்லை. பலன்?

இரு பகுதியினரின் கோபத்தையும் சம்பாதித்து விட்டார்!
பாருங்கள் அவருடைய கஷ்டங்களை. செய்திக்குச் செய்தி
நட்டம்; நட்பிற்கு நட்பு நட்டம்; காசுக்கு காசு.........

எதிரே வந்த ஒரு ஹோட்டலின் முகப்பாக வீற்றிருந்த
பெரிய கடிகாரமொன்று நான்கு அடித்து ஓய்ந்தது. அதன்
ஓசையைக் கேட்ட நிருபரின் நெஞ்சம் துணுக்குற்றது. தபால்
கட்டும் நேரம் நெருங்கிக் கொண்டிருக்கிறது என்ற நினைவு
நெஞ்சை உறுத்தியது. இருப்பினும், ரெயில்வே தபாலில்
அனுப்பி விடலாம் என்ற நினைவு மனதைச் சிறிது சமாதா-
னப் படுத்தியது.

நித்தியலிங்கம் பரபரப்புடன் நடந்தார்; தீவிரமான வேகம்.
பீஜப்பூர் வட்டக் கோபுரத்தில் சிக்கிக்கொண்ட ஒலியைப்
போன்று, 'ஒரேயொரு செய்தி' என்பது. எதிரொலித்துக்
கொண்டே இருந்தது. ஆங்கில நாடக மன்னன் ஷேக்ஸ்-
பியர் சிருஷ்டித்த நாடக பாத்திரமொன்று 'ஒரு குதிரை;
ஒரேயொரு குதிரை, ஒரு சாம்ராஜ்யத்திற்காக ஒரேயொரு
குதிரை!' என்று கதறியதாமே, அதேபோல ─── நித்தியலிங்-
கம் நடுத்தெருவில் நடந்தபடி மனக்குரலில் முணு முணுத்-
தார்......'ஒரு செய்தி........ ஒரு செய்தி...... ஒரே-
யொரு செய்தி !'...

நம்பிக்கையும் அவநம்பிக்கையும் முட்டி மோதும் எல்-
லைக் கோட்டின் எல்லையிலே இன்று அவருடைய மனம்
சஞ்சலப்பட்டது. இருப்பினும் நிருபருக்குரிய 'அந்தத் தனிப்-
பெரும் பண்பாடு' அவரை முற்றாகக் கைக்கழுவி விட-
வில்லை; பொறுமையை அவர் கைகழுவி விடவில்லை.
பாலைவனத்து ஒட்டகத்தைப்போல, அல்லது குடிகாரக்
கணவனுக்கு வாழ்க்கைப்பட்ட குணவதியான மனைவி தன்
மன உணர்ச்சிகளை மனதிற்குள்ளேயே புதைத்துப் பொறுமை
காட்டுவதுபோல, நிருபரான நமது நித்தியலிங்கமும்

"கணேஷ்! சங்கதி தெரியுமா?"

"......"

"என்ன மலைக்கிறாய்? விஷயம் தெரியாதா?"

இரு கல்லூரி மாணவர்கள், நிருபருக்குச் சற்று முன்பாகப் பேசிக்கொண்டே நடந்தார்கள். அவர் தன்னைத் தயார் படுத்திக்கொண்டார். வேகமாக நடந்து, பின்னர், வேகத்தைத் தளரவிட்டு, அவர்களுக்குப் பின்னால் அசை நடை போட்டார்.

"விஷயத்தைச் சொல்லாமல் என்ன அளக்கிறாய்?"

"யாரோ ஒரு சாமியாராம். கடற்கரைப் பக்கம் உண்ணாவிரதம் இருக்கிறாராம். போய்ப் பார்ப்பமா?"

"உண்ணாவிரதக்காரனைப் பார்ப்பதற்கு, நாம் முதலில் சாப்பிட்டுவிட்டுத்தான் போகவேண்டும்."

இருவரும் ஒரு சிற்றுண்டிச்சாலைக்குள் நுழைந்தனர்.

நித்தியலிங்கம் துள்ளிக் குதித்தார். பாதையில் கிடந்த கல்லொன்று அவருடைய பெருவிரலைப்பதம்பார்த்துவிட்டது. அதைக்கூட அவர் பொருட்படுத்தவில்லை. மனதிற்குள் 'சபாஷ்' போட்டார். ஜய ஸ்தம்பம் ஒரு முழ தூரத்தில் இருப்பதாகப் படுகிறது. பெருமூச்சொன்று அவரிடமிருந்து விடை பெறுகிறது. அப்பாடா, மனப்பாரம் குறைகிறது... கடற்கரையை நோக்கி மிக விரைவாக நடையைக் கட்டினார்.

***

கடற்கரையில், பயபக்தியுடன் அந்தத் தாடி வளர்த்த சாமியாருக்கு முன்னிலையில் நின்றுகொண்டிருந்த நிருபர் நித்தியலிங்கம் அவர்களுக்குத் தேகமெல்லாம் புல்லரிப்பதைப் போன்ற ஒரு உணர்வு. மகிழ்ச்சி கரை புரண்டோடியது. அவர், ஆஸ்தீகப் பரம்பரையில் வந்த பக்திமான். ஆயினும், அந்நேரம் பக்தி உணர்ச்சியைக் கடமை உணர்ச்சி விழுங்கி நின்றது. 'எவ்வளவு பெரிய செய்தி! நாளைக்கு மறுதினம் நாலு காலம் தலைப்பில் முன்பக்கத்தில் வெளி வரவேண்டிய பிரமாதமான செய்தியல்லவா. இது?'இந்த எண்ணம் மனமெனும் புழுதியில் வேரூன்றித் தளைக்க, ஒரு செய்திக்காக

அன்றெல்லாம் அவர் பட்டபாடு களெல்லாம் வெறும் துச்சமாகத் தோன்றியது.

சுற்றுமுற்றும் பார்த்தார். காகக் கூட்டத்தைப் போன்று குழுமியிருக்கக்கூடிய சக பத்திரிகை நிருபர் யாரை யுமே காணவில்லை. 'மற்றவர்களுக்கு நான் முந்திவிட்டேன்' என்ற பூரிப்பு மனதில் நிறைந்தது.

பவ்வியத்துடன் பேட்டியை ஆரம்பித்தார், நிருபர்.

"சாமியார்! தாங்கள் எந்தத் தேசீயச் சிக்கலைத் தீர்ப்பதற்கு உண்ணா நோன்பு இருக்கின்றீர்கள்? அதைத் தயவு செய்து தெரிவிக்க முடியுமா?" என்ற வினாயகர் சுழியுடன் பேட்டியை ஆரம்பித்தார்.

பதிலில்லை. திரும்பவும், அதே கேள்வியைத் தொடுத்தார். மௌனம்.

'ஓகோ! ஒருவேளை உண்ணாவிரதத்துடன், மௌன விரதமும் அனுஷ்டிக்கின்றாரோ?' என்ற நினைவு தலைகாட்டியது.

'பை'லிலுள்ள கடுதாசியொன்றினை உருவி எடுத்து, தன்னுடைய பிரசித்தி பெற்ற பேனாவால் ஏதோ கிறுக்கினார். தான் எழுதியதை வாசித்துப் பார்த்தார். 'நானொரு பத்திரிகை நிருபர். தங்களைப் பேட்டிகாண வந்திருக்கிறேன். தாங்கள் எதற்காக உண்ணாவிரதம் இருக்கின்றீர்கள்? எந்தத் தேசீய மொழியை இருபத்திநான்கு மணிநேரத்தில் அரசாங்க மொழியாகப் பிரகடனப்படுத்த வேண்டுமென்பதற்காக உண்ணாவிரத மிருக்கின்றீர்கள்? தமிழா? சிங்களமா? அல்லது எந்த இனத்தின் உரிமையைக் காப்பாற்ற உண்ணாவிரதம் இருக்கின்றீர்கள்? சாகும்வரை உண்ணாவிரதம் இருப்பது தான் தங்கள் இலட்சியமா? அல்லது... தயவு செய்து இதற்குப் பதில் எழுதித் தாருங்கள்..."

அதைச் சாமியாரிடம் மிகவும் விநயமாகச் சேர்த்தார்.

சாமியார் அதைப் படித்துப் பார்த்துவிட்டு, அலட்சிய மாக மறுபக்கம் திரும்பிக்கொண்டார்.

நிருபருக்கு அவமானமாக இருந்தது. அவரை அப்படி அலட்சியப்படுத்திய முதல் மனிதர் அந்தச் சாமியார் தான்!

நிருபர் போர்த் தந்திரத்தை மாற்றினார். உரத்த குரலில் "சாமியாரே! நீங்கள் எதற்காக, எந்த நோக்கத்திற்காக உண்ணாவிரதம் இருக்கின்றீர்கள் ? தயவு செய்து பெரிய மனதுடன் அதை எழுதித் தாருங்கள்!"

"அட சரிதான், சும்மா தொந்தரவு செய்யாமல் போங் காணும். இரண்டு நாளாச் சாப்பாடு கிடைக்கவில்லை. பசி காதை அடைக்கிறது. சாப்பாடு, கிடைக்கிற வழியையும் காணோம். சும்மா காலாற இங்கே வந்து உட்காந்தால், யாரோ புரளி விடுறான். உண்ணாவிரதமாம் — உண்ணா விரதம்?" என்று சீறினார், சாமியார்.

நிருபரின் முகத்தில் அசடு வழிந்தது.

இருப்பினும் சிந்தனை சுறுசுறுப்பாக வேலை செய்தது.

"பசியைப் போக்க உண்ணாவிரதமிருக்கும் விந்தைச் சாமியார்" — தலைப்பு வந்து விட்டது. தலையும் காலும் முளைத்து ஒரு செய்தி அவருடைய மனதிலே கயிறு திரிக்கப்படுகின்றது....

22. ஒரு செய்தி

- கி. ராஜநாராயணன்

நாலுமணி; அதிகாலை.

ஆழ்ந்த தூக்கத்திலிருந்த கிராமத்தின் காதுக்குள்ளே குடைக் கம்பியை விட்டுத் திறுகியதைப்போல நாராசமான "ஹாரன்" பிளிரல்; வடக்குத் தெருவில் ஒன்றும் தெற்குத் தெருவில் ஒன்றுமாக. முன்னாலெல்லாம் அதிகாலை வேளைகளில் பட்சிகளின் இனிய ஒலிகளைக் கேட்டுத்தான் கிராமம் விழித்தெழும். கோழி கூப்பிடும் குரல்கூட இப்பொழுது மறந்துபோய்விட்டது!

பரத்வாஜம் என்கிற கரீச்சான். ஆக்காட்டிக்குருவி, அக்காக் குருவி என்றெல்லாம் பெயர் சொல்லி அழைத்த

பறவைகளின் ஒலி களெல்லாம் இப்போதும் ஒலிக்கத்தான் செய்கிறது. என்றாலும் அதை யெல்லாம் மறந்து ரொம்ப நாளாச்சு. நாலு மணி ஆகவேண்டியது; பயிராவதற்குக் கத்துமே எருமை; அதுபோல் தீப்பெட்டி ஆபீஸ் பஸ்கள் வந்து கத்தத் தொடங்கிவிடும்.

சுருண்டு படுத்துத் துடைகள் இடுக்கில் கைகளை செருகிக் கொண்டு கோடுவாய்வழிய அசந்து தூங்கிக் கிடக்கும் பெண் குழந்தைகள் சூட்டுக்கோலால் ஈரலில் சூடுபோட்டதுபோலப் பதறி எழுந்திருந்து, கொஞ்சநேரத்துக்கெல்லாம் ஒரு கையில் எவர்சில்வர் தூக்குச்சட்டியும் மறுகையில் ஒரு சிறிய டப்பாவுமாகப் புற்றுக்குள் எறும்புகள் நுழைவதுபோல வரிசையாக பஸ்ஸுக்குள் போய் அடைவார்கள். தீப்பெட்டிக்குள்ளே குச்சிகளை அடுக்குகிறதைப்போல அந்தப் பிள்ளைகளைத் தனக்குள்ளே அடுக்கிக்கொண்டு, வயிறு புடைக்கத் தின்று முடித்த ஒரு ராட்சசன் விடும் ஏப்பம்போல ஹாரன் ஒலியை எழுப்பிக்கொண்டே நகரத்துக்குப் போகும் அந்தப் பஸ்கள்.

அடுத்த காட்சி

வீடுகளிலிருந்து எருமைகளைப் பால் பண்ணைக்கு ஓட்டிக் கொண்டு போகும் சத்தங்கள். எழுதமுடியாத — எழுத்தில் வராத — சொல்லத்தான் முடிகிற சப்தங்கள் அவர்கள் வாயிலிருந்து வருகின்றன. சக மனிதர்களை நோக்கி வைவதைப்போலவே அவர்கள் மாடுகளை யும் வைகிறார்கள். இளம்பால் மாடுகளுக்குக் கன்றுகள் இருக்கின்றன. முதிர் பால் மாடுகளுக்கு மனுசக் கைகள்தாம் கன்றுக் குட்டிகள்! கூட்டுறவுப் பால் பண்ணை டெப்போவும் தனியார்ப் பால் பண்ணையைச் சேர்ந்தவர்களும் பால் மாடுகளில் ஓடி ஓடிக் கறக்கிறார்கள். இங்கே உள்ள பாலையெல்லாம் டவுனில் கொண்டு போய்ச் சேர்ப்பதில் அவர்களுக்குள் அப்படி ஒரு போட்டி.

இப்போது வேகமாக விடியல் ஒளி பரவிக்கொண்டு வருகிறது. கிராமத்தின் பரம்பரைத் 'தொள்ளாளி'களான தச்சாசாரிகளும், கொல்லாசாரிகளும் தூக்குச்சட்டிகளில் சோற்றை

எடுத்துக்கொண்டு டவுன் பஸ்ஸைப் பிடிக்கத் தயாராகிறார்-
கள். அவர்களோடு விறகு வெட்டுகிறவர்கள், கொத்தனார்-
கள், சித்தாள்கள் இதுபோக மற்றக் கூலி வேலை செய்கிற-
வர்களும் நகரத்தில் போய்த் தினப்படி வேலை பார்த்து வர
டவுன் பஸ்ஸுக்காக காத்திருக்கிறார்கள். நகரத்தில் அவர்க-
ளுக்குக் கிடைக்கும் கூலித்தொகை கிராமத்தில் கிடைக்காது
கொடுக்கக் கட்டாது — ஆகவே அவர்கள் கிராமத்தில்
வசித்தாலும் கிராமத்தைக் கைவிட்டு அநேக வருஷங்கள்
ஆகின்றன.

காலையில் எழுந்ததும் தெருவில் 'வெளிக்கு' இருக்கும்
சிறு குழந்தைகளைத் தவிர, இப்பொழுது தெருவே காலி-
யாகிவிட்டது. தெருக்களில் பாண்டி விளையாடக்கூட ஒரு
பெண் பிள்ளையைக் காணோம். வயசுக்கு வந்த பெண்கள்
மட்டுமே வீட்டுக்குள் உட்கார்ந்து கொண்டு உடம்பை முன்-
னும் பின்னும் ஆட்டிக்கொண்டே வேகமாகத் தீப்பெட்டி ஒட்-
டிக்கொண்டிருக்கிறார்கள்.

இவர்கள்மீது வெயில் பட்டுப் பல வருஷங்கள்
ஆகின்றன. அரங்கு வீட்டின் இருட்டில் வளர்க்கப்பட்ட
முளைப்பாரிப் பயிர்கள்போல வெளுத்துக் காணப்படுகிறார்-
கள். காலையிலிருந்து, மாலையும் கடந்து, இருட்டுகிறவரை
உள்ளே உட்கார்ந்து ஒட்டுகிற இவர்கள், வெளிச்சத்துக்காகத்
தெருவிளக்கடிக்கு வந்து உட்கார்ந்து ஒட்டும்போது மட்டும்
அவர்கள்மீது கொஞ்சம் வெளிக்காற்று படும்.

அந்தக் கிராமத்தில், மீதி இருக்கும் இளைஞர்கள்...
அதாவது வெளிநாடுகளுக்கும், வெளிமாநிலங்களுக்கும்
போனவர்கள் போக — மற்ற இளைஞர்களின் கால்கள்
இந்த மண்ணின்மீதுதான் இருந்தாலும் மனசு 'வெளியே'தான்
இருக்கிறது. அவர்களுடைய கனவுகளும் கற்பனைகளும்
துபாய், குவைத் முதலிய அரபு நாடுகளில்தான் சஞ்சரித்துக்
கொண்டிருக்கின்றன. அந்த அராபிய மோகினி தூக்கத்-
தில்கூட வந்து அவர்களை வா வா என்று கண்சிமிட்டி
அழைத்துக்கொண்டே இருக்கிறாள்.

அவர்கள் ஒவ்வொருவரின் பாக்கெட்டுகளிலும் பாஸ்போர்ட்டு கள் தயாராக இருக்கினற்ன. ஒரு விஸாவுக்காக மட்டுமே காத்துக் கொண்டிருக்கிறார்கள். இவர்கள் நிலத்தின் பக்கம் போய் அநேக நாட்களாகிவிட்டன. ஆனாலும், இன்னும் சில பைத்தியக்கார விவசாயிகள் இருக்கத்தான் செய்கிறார்கள். ஒன்றிரண்டு பேர்! விடிந்ததும் 'களையெடுக்க ஆட்கள் கிடைக்கமாட்டார்களா, பருத்தி எடுக்க ஆள் கிடைக்கமாட்டார்களா?'' என்று ஊருக்குள் தட்டுத் தட்டாய் ஆட்களைத் தேடி அலைகிறார்கள். இவர்களுக்கு என்ன பைத்தியமா? வெயிலில் போய்ச் சாக இங்கே யாருக்காவது கோட்டியா பிடித்திருக்கிறது! நிலங்களெல்லாம் உறங்க ஆரம்பித்து பல வருஷங்கள் ஆகிவிட்டன. சும்மா ஒண்ணு ரெண்டு கிழடுகெட்டைகள் தாம் மனசு பிடிக்காமல் லபோ லபோ என்று அலைந்து கொண்டிருக்கின்றன.

இன்னும் சில வருஷங்களில் இந்தக் கரிசல் காடு பூராவும் நிஜமாகவே ஒரு வனம்போல் ஆகிவிடும். ஆயிரம் வருஷத்துக்கு முன்னால் எப்படி இருந்ததோ அப்படி ஆகிவிடும். பழையபடி ஓநாய்கள், கரடி, புலி என்று உண்டானாலும் உண்டாகலாம். பருத்தி விளையும் காடுகளெல்லாம் வனங்கள் ஆகிக்கொண்டு வருவதால் வித்தியாசமான ஒரு வனமகோத்ஸ்வம் கொண்டாடலாம். வனப்பெருக்கினால் மாதம் மும்மாரி கட்டாயம் மழை பெய்யும். இப்படி மும்மாரியாகவும் பெருவாரியாகவும் தொடர்ந்து மழை கொட்டிக்கொண்டே இருந்தால்.... தீப்பெட்டி ஆபீஸ் வேலை பாதிக்கப்படுமே; 'அப்போ என்ன செய்கிறது?' என்று ஒரு கேள்வி. "அதை அப்பொ பாத்துக்கிடலாம்; அதெப்பத்தி என்ன இப்போ?'' என்பது அதுக்குப் பதில்.

அந்தக் கிராமத்தில் பள்ளிக்கூடத்துக்குப் படிக்கப்போகிற குழந்தைகளின் எண்ணிக்கை ரொம்பவும் குறைந்துவிட்டது; அதிலும் முக்கியமாகப் பெண் குழந்தைகளின் எண்ணிக்கை ரொம்பக் குறைந்து விட்டது.

"படிச்சி என்ன செய்ய; மணடகப்படி கணக்கு எழுதப்-
போறா களா?"முன்னெல்லாம் இப்படியே கேட்டுக்கொண்டி-
ருந்தார்கள்.

பிறகு,

"படிச்சி என்ன செய்ய; கலைக்டர் வேலைக்கா போகப்
போறாங்க?" என்று கேட்டார்கள்.

இப்போ, "என்ன படிச்சி என்ன செய்ய; எவன் வேலை
கொடுக்கான்?" என்று பைசல் செய்துவிட்டார்கள்.

சிறு விவசாயிகள், மிகச் சிறு விவசாயிகள் மேம்பாட்டுத்
திட்டங்கள் என்றெல்லாம் வந்திருக்கின்றன.

பெயருக்குக் கொஞ்சம் நிலம் இருந்தால் போதும்.

நிலம் கிடைக்கிறதும் இப்போ ஒன்றும் கஷ்டமில்லை;
சாகுபடி நிலங்களெல்லாம் தரிசு விழுந்துகொண்டு வருகிற
இப்போது நிலம் பெறுகிறதா கஷ்டம்?

இந்தத் திட்டங்களின்கீழ் பால் மாடுகளும், ஆடுகளும்
வந்து கிராமத்தில் லாரி லாரியாக இறங்கிக்கொண்டிருக்-
கின்றன.

ஒரு காலத்தில் மனிதன், கலப்பையைக் கண்டுபிடிப்ப-
தற்கு முன்னால் ஆடுகளையும், மாடுகளையும் மேய்த்துக்-
கொண்டுதான் திரிந்தானாம். அந்தக் காலம் திரும்பிவிட்-
டது. விவசாயம் நின்றுபோய் விட்டது. அல்லது வேகமாய்க்
குறைந்துகொண்டே வருகிறது.

மேழியைப் பிடித்த கைகள். எருமைமாடு மேய்க்கிற கம்-
பைப் பிடிக்க ஆரம்பித்திருக்கிறது.

விளைநிலங்களெல்லாம் தரிசுநிலங்களாகவும் மேய்ச்சல்
நிலங்

களாகவும் மாறிக்கொண்டிருக்கின்றன.

அந்தக் கிராமத்தின் மாலைநேரக் காட்சிகளை நாம் இப்-
போது பார்க்கிறோம்.

முன்பெல்லாம் இந்த மாலை நேரத்தில் தெருக்களிலும்
அம்மன் கோவில் மைதானத்திலும் குழந்தைகள் ஓடி ஆடும்
விளையாட்டுக் கூச்சல்கள் கேட்டுக்கொண்டே இருக்கும்.

எத்தனை வகைவகையான கிராமிய விளையாட்டுகள்! கற்-
பனைச் சம்பாஷணைகளோடு கூடிய விளையாட்டுகள்,
பாடிக்கொண்டே விளையாடும் விளையாட்டுகள். இப்படி
அவர்கள் பரம்பரை பரம்பரையாக விளையாடிக்கொண்டு
வந்தார்கள்.

அந்தக் குழந்தைகளெல்லாம் இப்போது என்ன ஆனார்-
கள் ? தீப்பெட்டி ஆபீஸ் வேலைக்காக டவுனுக்குப் பஸ்ஸில்
பஸ்ஸில் போன குழந்தைகளைத் தவிர இங்கேயும்
கொஞ்சம் பாக்கிக் குழந்தைகள் இருக்கத்தான் செய்தார்கள்.

குழந்தைகள் இருக்குமிடங்களில் ஒரு கலகலப்பு இருக்-
குமே, அது இல்லாததால் நமக்கு இந்தச் சந்தேகம் வந்தது.

இதோ அவர்கள் !

உட்கார்ந்து காலை நீட்டிக்கொண்டோ மடக்கிக்-
கொண்டோ, உடம்பை முன்னும்பின்னும் ஆட்டிக்கொண்டோ
தீப்பெட்டியை ஒட்டி ஒட்டி எறிந்துகொண்டே இருக்கிறார்-
கள். சதா உட்கார்ந்தே இருப்பதாலும் பெருங்கால் பிடித்துக்
கொள்வதாலும் அவசரத்துக்கு அவர்களால் எழுந்திருக்கமு-
டியாது ! இதுமட்டும் இல்லை; அவர்களால் பேசமுடியாது;
சிரிக்கமுடியாது; கதைகள் சொல்லி மகிழமுடியாது. மனம்
திறந்து பாடமுடியாது.

அவர்கள் எல்லாரையும் தீப்பெட்டி ஆபீஸ்காரன் பைசா-
வினால் தரையோடு தரையாக அறைந்து வைத்துவிட்டான்!

அவர்களால் செய்ய முடிந்ததெல்லாம் பிசுபிசுக்கும் கஞ்-
சிப் பசையை விரல்களால் தடவித்தடவித் தீப்பெட்டிகளை
ஒட்டுவதும், டிரான்சிஸ்டரில் அதிகபட்சம் எவ்வளவு சத்தம்
வருமோ அவ்வளவுக்கு இரைச்சலாகச் சிலோன் ரேடி-
யோவில் ஞானமில்லாத சினிமாப் பாட்டுகளைக் கேட்டுக்-
கொண்டே இருப்பதுந்தான்.

பொழுது நன்றாக இருட்டிவிட்டது இப்பொழுது.

வீட்டுக்குள் தீப்பெட்டி ஒட்டிக்கொண்டிருந்த பெரியவர்க-
ளும் குழந்தைகளும் ஒரு மின்னல் வேகத்தில் உடம்பையும்
வயிற்றையும் கழுவிக்கொண்டு தெருவிலுள்ள டியூப்லைட்
வெளிச்சத்தை நோக்கி வந்து உட்காருகிறார்கள், மீண்டும்

தீப்பெட்டி போட, அதிகாலை நேரத்தில் இங்கிருந்து புறப்-
பட்டுப்போன தீப்பெட்டி ஆபீஸ் பஸ்கள் ஒவ்வொன்றாய்த்
திரும்பி வருகிறது. களைப்போடு வந்து நிற்கிறது.

கரும்புத் துண்டை மென்று, சாறை விழுங்கிவிட்டு, சக்-
கையைத் துப்புவதுபோல அந்த பஸ்கள் வெளியே தள்ளு-
கின்றன குழந்தைகளை. சில குழந்தைகள் சந்தோஷமாகச்
சிரித்துக்கொண்டே கையிலுள்ள காலித் தூக்குச்சட்டிகளை
வீசிக்கொண்டே பஸ்ஸிலிருந்து குதிக்கிறார்கள். இன்னும்
அவர்களிடம் பால்யமும் சந்தோஷமும் மிச்சமிருக்கின்றன.
இப்போது அவர்களெல்லாம் சீக்கிரம் குளித்துச் சாப்பிட்டு-
விட்டுப் படுக்கவேண்டும். அவர்களுடைய ஒவ்வோர் அசை-
விலும் அவசரம், வேகம் தெரிகிறது. கிராமத்தின் மொத்த
முகமும் இப்போது தீவிர மௌனமாகிவிட்டது. நேரம் வேக-
மாகப் போய்க்கொண்டிருக்கிறது. போர்க்களத்துச் சவங்கள்-
போல விழுந்தது விழுந்தபடி, கிடந்தது கிடந்தபடி அலங்-
கோலமாக அப்படி அப்படியே கிடக்கிறார்கள். மூச்சுப்பரிதல்
ஒன்றே அவர்களை வித்தியாசப்படுத்துகிறது பிரேதத்திலி-
ருந்து. ஆயிற்று, இதோ ஆயிற்று. எந்த நிமிஷத்திலும்
எந்த விநாடியிலும் அந்தத் தீப்பெட்டி ஆபீஸ் பஸ்கள் வந்து
உரத்த ஒலியில் இவர்களை உலுக்கி எழுப்பலாம்.

பாவம்; கொஞ்ச நேரமாவது அவர்கள் அயர்ந்து தூங்-
கட்டும்.

23. செய்தி - ஒரு பக்க கதை

கணேசன் தன் மனைவி மற்றும் பிள்ளைகளைப் பார்த்து,
'நாட்டு நடப்புகளை தினமும் தெரிஞ்சுக்கணும்.

அதனால் நாளையில இருந்து வீட்ல பேப்பர் போடச்
சொல்லிட்டேன். தினமும் பேப்பர் படிங்க' என்றார்.

பேப்பரை படித்த மனைவி சாந்தி, 'பார்த்தீங்களா அந்த
ஊரு பொண்ணு! புருஷன் ஆபீசுக்கு போன சமயம் பார்த்து
பக்கத்து வீட்டுக்காரன் கூட தொடர்பு வச்சிருக்கா...' என்-
றாள்.

மகள் திவ்யா, 'அந்த ரவுடி கூரியர் பாய் மாதிரி அந்த வீட்ல போய் கொள்ளையடிசிட்டு, வீட்டுக் காரம்மாவையும் அநியாயமா கொலை பண்ணிட்டான் பாருங்கப்பா...' என்று வருத்தப்பட்டாள்.

ஒரு மாசம் கழித்து பேப்பர்காரன் சந்தா கேட்டு வந்தான்.

'இந்தாப்பா பணம் இனி பேப்பர் போடாதே' என்றார் கணேசன்.

'என்ன சார் என்னாச்சு?'

'வீட்ல உள்ளவங்க பேப்பர்ல கள்ளக்காதல், கொலை, கொள்ளை, கற்பழிப்பு இந்த மாதிரி விஷயங்களைத்தான் சுவாரஸ்யமா படிக்கிறாங்க. இது அவங்க மனசை பாதிச்– சுடும். அதனால் இனி பேப்பர் போடவேண்டாம்' என்றார் கணேசன் தீர்க்கமாக.

24. 3வது குறுஞ்செய்தி

- மீ.மணிகண்டன்

வெள்ளிக் கிழமை மாலை, மாஸ்டா வின் வேகம் மணிக்கு 80 மைல் என்று பறந்து கொண்டிருந்தது காரை செலுத்திக்கொண்டிருந்த விவேக்கின் மனவேகம் அதனினும் மேலாய் குதித்தோடிக் கொண்டிருந்தது காரணம் தான் அந்த மூன்றாவது குறுஞ்செய்தியை அனுப்பிவிட வேண்டுமென்– பதே. இரண்டு குறுஞ்செய்திகள் வந்துவிட்டது இனி அந்த மூன்றாவது தான்தான்... மாறிப்போனால்... போனால்... ஆ... அதை அவனது மனம் ஏற்க வில்லை. அப்படி என்ன அந்த மூன்றாவது குறுஞ்செய்தியில் மகிமை? சற்றே இரண்டு நாட்கள் முன் செல்வோம்...

புதன் கிழமை மாலை வழக்கம் போல் கிரண் அவனது அபார்ட்மெண்ட் ஜிம் மில் உடற்பயிற்சியில் ஈடுபட்டிருந்– தான். அருகில் சைக்ளிங் செய்துகொண்டிருந்தான் கௌஷிக். இருவரும் உடற்பயிற்சி முடித்துவிட்டு வியர்வை பூத்து அரும்பி பெருகி அருவியாய் ஓடிக்கொண்டிருந்த தங்– களின் முகம் மற்றும் கைகளை துடைத்துக்கொண்டிருந்தனர்.

கௌஷிக்கின் கைப்பேசி ஒளிர்ந்தது...

“கௌஷிக் உன் மொபைல் ரிங் ஆகுற மாதிரி தெரி-யுது... சைலன்ட் ல வச்சிருக்கியா...” கிரண் கேட்க.

“ஆமாடா ஆபீஸ் ல இருக்கும்போது சைலன்ட் ல வச்-சது... அப்படியே இருக்கு...” என்று பதிலளித்துவிட்டு தொலைபேசித் தொடர்பை இயக்கினான். மறுமுனையில் அகிலன், “கௌஷிக், இந்த வாரம் புதுப்படம் வருதாம் டிக்-கட் போட்டுறவா...”

“படம் வேணாம்டா... ஏதாவது ரெஸ்டாரண்ட் போயிட்டு மனம்விட்டு பேசலாம், நான் கிரணையும், விவேக்கையும் வரச்சொல்லுறேன்... சினிமா டைம் வேஸ்ட்...” பதிலளித்-தான் கௌஷிக்.

பேசி முடித்துக் கைப்பேசியை நிறுத்தினான்.

கிரண் தொடர்ந்தான், “யாருடா அகிலனா...”

“ஆமா, சினிமா போறதுல என்ன பொழுதுபோக்கு இருக்கு... நாலு பேரா சேர்ந்து போவோம் அப்பறம் மூணு மணிநேரம் அவன் காட்டுறது பாத்துட்டு படம் முடிஞ்சதும் ஒருத்தருக்கொருத்தர் பை சொல்லிட்டு கிளம்பிடுவோம்... அதான் ரெஸ்டாரண்ட் போலாம்னு சொல்லி இருக்கேன்”

“குட் ஐடியா” ஆமோதித்தான் கிரண்.

வியாழன் மதியம் அலுவலக முகப்பில் வழக்கம் போல் நால்வரும் சந்திக்கும் நேரம்.

“விவேக்... சும்மா பார்வேர்ட் மெசேஜ் அனுப்பாதேன்னு எத்தனை தடவை சொல்லுறது... அர்த்தமில்லாமால் டைம் வேஸ்ட் ஆகுது” அலுத்துக்கொண்டான் கிரண்.

“அப்படி இல்லடா நமக்கு உதவாட்டியும் யாருக்காவது உதவுமே அப்படிங்கற நல்ல எண்ணம் வேற ஒண்ணும் இல்ல” என்றான் விவேக். அதற்கு கௌஷிக், “கைக்காசை செலவு பண்ணி உதவி பண்ண யாராவது வராங்களா... எல்லாம் கடைத்தேங்காயை எடுத்து வழிப் பிள்ளையாருக்கு உடைக்க தயாரா இருக்காங்க...”

அகிலன் ஆமோத்தித்து, ” ஆமா யாருக்கோ A+ ரத்தம் வேணும், யாரையோ பள்ளிக்கூடத்துல சேர்க்க பணம்வே-ணும்னு வர்ற மெசேஜ் எல்லாம் அப்படியே பார்வேர்ட் பண்ண முடியுறவுங்களால தானே இறங்கி ரத்தம் கொடுக்-கவோ பள்ளிக்கூடத்துக்கு பணம் கட்டவோ செய்யுங்கன்னா செய்வாங்களா?”,

கௌஷிக் தொடர்ந்தான், “இப்பல்லாம் ஆக்கபூர்வமா சிந்திக்கிறதைவிட அர்த்தமில்லாம WhatsApp FaceBook ன்னு பொழுதை வீணாக்குறதுதான் அதிகமாகி இருக்கு.

“ஏன் மத்தவுங்கள பேசிக்கிட்டு.. நாமளே எவ்வளவு நேரம் வீணடிக்கிறோம் WhatsApp ல...” என்றான் கிரண்.

“சரிடா இவ்வளவு பேசுறீங்க... இன்னைல இருந்து நாம நாலு பேரும் WhatsApp FaceBook உபயோகப் படுத்து-றதில்லன்னு முடிவெடுத்தா... எத்தனை பேர் கடை பிடிப்-பீங்க?” என்று கேள்வி எழுப்பினான் விவேக்.

“கேள்வி நல்லா இருக்கு. அனுபவத்துல கொஞ்சம் சிர-மம்னு தோணுது” என்றான் அகிலன்.

கௌஷிக்: “முடியாதுன்னு நினச்சா வள்ளுவர் இவ்வளவு குறள் எழுதியிருப்பாரா? ரைட் சகோதரர்கள் பறந்திருப்பாங்-களா?”

கிரண்: “கரெக்ட், இது சாதாரணம்... நம்மால WhatsApp FaceBook உபயோகப் படுத்தாம இருக்க முடியும். நான் தயார்”

அகிலன்: “நானும் ஓகே... ஸ்டாப் பண்ணுறோம்”

கௌஷிக்: “அப்படி சாதாரணமா எப்படி நிறுத்தறது... சோ... நமக்குள்ள WhatsApp போ FaceBook கையோ வச்சு ஒரு விளையாட்டு வச்சுக்குவோம். அதுதான் பைனல் அதுக்கப்புறம் நாம அந்தப்பக்கமே எட்டிப்பாக்குறதில்ல”

விவேக்: “ஓகே என்ன விளையாட்டு”

ஒவ்வொருவரும் தங்களின் அதீத மூளையைக்கொண்டு சிந்திக்கத் துவங்கினர்.

விவேக்: “ஆக்க பூர்வமா சிந்திக்கிறோம்னு சொன்-னோம்... சிம்பிளா ஒரு கேம் நம்மால சிந்திக்க முடியல...”

அகிலன்: “டேய்... இப்படி செஞ்சா எப்படி?’

கிரண்: “எப்புடி?”

அகிலன்: “அதாவது நாம நாளைக்கு ரெஸ்டாரண்ட் போறதா இருக்கோம்”

கௌஷிக்: “ஆமா”

அகிலன்: “நாலுபேரும் அசெம்பிள் ஆகுறதுதான் கேம்”

கிரண்: “புரியும்படியா சொல்லேண்டா”

அகிலன்: “அதாவது நாலு பேர்ல யாரெல்லாம் முன்-னாடி ரெஸ்டாரண்ட் வாரங்களோ அவங்க வின்னர், கடை-சியா வர்றவர் லூசர்”

விவேக்: “இதுக்கும் WhatsApp கும் என்னடா சம்பந்-தம்?”

அகிலன்: “இருக்கே... WhatsApp தான் இங்க ஜட்ஜ், ரெஸ்டாரண்ட் ரீச் ஆகுறவுங்க தன்னை செல்ஃபீ எடுத்து வராத மத்தவங்களுக்கு அனுப்பனும். மூணு மெசேஜ் வரைக்கும் வின்னர்ஸ் கடைசியா வர்றவர் யாருக்கும் மெசேஜ் அனுப்ப முடியாதே... சோ லூசர்”

கௌஷிக்: “நல்லாருக்கே... அக்ரீட்”

விவேக்: “எஸ் அக்ரீட்”

கிரண்: “எனக்கும் ஓகே”

இப்போ புரிஞ்சிருக்குமே விவேக் ஏன் தான் அந்த மூணாவது மெசேஜ் அனுப்ப அவசரப் பட்டு காரைப் பறக்க விடுறான்னு. ஆமா கிரணும் கௌஷிக்கும் மெசேஜ் அனுப்-பிட்டாங்க இப்போ அகிலனை முந்துவதுதான் விவேக்கின் முயற்சி.

சிக்னல் பச்சை காட்டியது பிரேக்கில் இருந்து காலை எடுத்த நம்ம விவேக் சட்டென மீண்டும் பிரேக்கில் பலமாக அழுத்தும் சூழ்நிலை ஏற்பட்டது. காரணம் சாலையைக்

கடந்து ஓடிய நாயும் நாயைப் பிடித்துக்கொண்டு அதன் வேகத்திற்கு ஈடுகொடுக்க முடியாமல் நிலை தடுமாறி சாலையின் நடுவே தனது காருக்கு எதிரே விழுந்த நாயின் உரிமையாளரும்தான். கடிகாரத்தைப் பார்த்தான் விவேக். என்ன செய்வது... புரியவில்லை. காரை நிப்பாட்டி கதவைத்திறந்து இறங்கினான். முன்னம் சென்று கீழே விழுந்தவர் எழுவதற்கு உதவினான். நன்றியுள்ள நாயும் தன் உரிமையாளரின் அருகில் நின்றுகொண்டு வாலைக் குழைத்துக் கொண்டிருந்தது. ஒரு வழியாக நாயையும் உரிமையாளரையும் வழியனுப்பிவிட்டு காருக்குள் ஏறினான். சிக்னல் மீண்டும் சிவப்பு.

ரெஸ்டாரண்ட் வாசல். தனது மொபைல் போன் எடுத்துப் பார்த்தான் விவேக் மூன்றாவது குறுஞ்செய்தி இன்னும் வரவில்லை. அப்பாடா என்று ஒரு சிறு மன நிம்மதியோடு இருந்தாலும் போட்டி நிபந்தனை செலஃபீ எடுத்து அனுப்பும்வரை நீள்கிறதல்லவா. அவசரமாக கார் கதவைத் திறந்து இறங்கினான். காரை பார்த்தும் பார்க்காமல் ரிமோட் ல் லாக் செய்துவிட்டு லாக் ஆன சத்தத்தை மட்டும் காதில் வாங்கிக்கொண்டு ரெஸ்டாரண்ட் க்குள் விரைந்தான். அங்கே அவன் எதிர்பார்க்காத நிகழ்வு.... மீண்டும் தனது மொபைல் போன் எடுத்துப் பார்த்தான் நிச்சயமாக மூன்றாவது குறுஞ்செய்தி வரவில்லை... ஆனால் ரெஸ்டாரண்ட் ல் அவன் பார்த்த நிகழ்வு, கிரண் கௌஷிக்கோடு அகிலனும் அந்த மேசையில் அமர்ந்திருந்தான். ஏன் அகிலன் குறுஞ்செய்தி அனுப்பவில்லை...?!

கௌஷிக்: டேய் நம்ம ஸ்பான்ஸர் வந்துட்டார்

கிரண்: வாங்க ஸ்பான்ஸர் சார், ஆர்டர் பண்ணிடுவோமா

அகிலனும் கௌஷிக் மற்றும் கிரணோடு சேர்ந்துகொள்ள, மூவரும் ஆரவாரமாகச் சிரித்தார்கள்.

இவற்றைக் காதில் வாங்காமல் கண்டும் கொள்ளாமல் தன்னை செலஃபீ எடுத்து அதை மற்ற மூவருக்கும் அனுப்பி முடித்தான் விவேக்.

இங்க ஒரு சின்ன Flashback.

அகிலன் வீட்டிலிருந்து தனது காரை செலுத்திக்கொண்டு கிளம்புகையில் தனது கைப்பேசியைப் பார்த்தான் வெண்திரையாக வெறும்திரையாக இருப்பது கண்டு குழப்பம் கொண்டான். பின்னர் கைப்பேசி பேட்டரி ரீசார்ஜ் செய்யாதது நினைவில் வந்தது. இனி நேரம் இல்லை காரில் ரீசார்ஜ் செய்யலாம் என்றால் சார்ஜர் அவசரத்திற்கு டாஷ்போர்டில் கிடைக்கவில்லை. பரவாயில்லை இதில் நேரம் செலவிடாமல் ரெஸ்டாரண்ட் க்கு செல்வோம் என்று புறப்பட்டு விட்டான். ரெஸ்டாரண்டை மூன்றாவது நபராக அகிலன் வந்தடைந்தாலும் தனது கைப்பேசியில் பேட்டரி பவர் இல்லாத காரணத்தால் செல்ஃபீ எடுத்து அனுப்ப முடியவில்லை.

இப்போது தங்களது கைப்பேசியைப் பார்த்த கௌஷிக்கும் கிரணும் குழப்பத்தில் விவேக்கைப் பார்த்தனர். காரணம் நான்காவதாக வந்துவிட்டு ஏன் செல்ஃபீ அனுப்புகிறான் விவேக் என்ற குழப்பம். ரெஸ்டாரண்ட் க்கு எதார்த்தமாக வந்திருந்த அவர்களில் மூத்த வயதுடைய நண்பர் நால்வரையும் சந்தித்து நலம் விசாரித்துக் கொண்டு பின்னர் நால்வரின் விளையாட்டையும் கேட்டறிந்தார்.

நண்பர்: பிரெண்ட்ஸ் நல்ல கேம். உண்மையிலே நல்ல விஷயம் சோ இன்னிலிருந்து நீங்க யாரும் WhatsApp FaceBook உபயோகிக்கப் போறதில்லை? Am I Right?

விவேக்: "எஸ் அங்கிள். அதோட எங்க விளையாட்டுக்கு ஒரு நல்ல தீர்ப்பும் சொல்லிடுங்க இவங்க எல்லாம் நான் தான் ஸ்பான்சர் பண்ணனும்னு சொல்லுறாங்க."

நண்பர்: "நோ... உங்கள ரொம்ப நாள் கழிச்சு சந்திச்சிருக்கேன். நான்தான் உங்க ஸ்பான்சர் இன்னிக்கு"

கௌஷிக்: "அதெப்படி... அப்படின்னா எங்க கேம் கம்ப்ளீட் ஆகாதே"

நண்பர்: "விவேக் ஸ்பான்சர் செஞ்சாலும் உங்க கேம் கம்ப்ளீட் ஆகாது"

கிரண்: "அதெப்படி"

நண்பர்: “உங்க கேம் நிபந்தனை என்ன? மூன்றாவது மெசேஜ் கொடுக்குறவுங்க வரை வின்னர் தானே. விவேக் தான் மூன்றாவது மெசேஜ் கொடுத்துட்டாரே?!”

ஐவரின் ஆரவார மகிழ்ச்சி ரெஸ்டாரண்ட் முழுவதையும் மகிழ்வித்துக் கொண்டிருந்தது.

25. செய்தியால் வந்த வருத்தம்

- ஸ்ரீ. தாமோதரன்

யாராவது என்னை இவனிடமிருந்து காப்பாத்துங்களேன் ! எதிர்பார்த்து எல்லோர் முகத்தையும் பார்த்தேன். ஒருத்தராவது வரணுமே,ஹும் அப்படியே எனக்கு எப்பொழுது அடி விழும் என எதிர்பார்த்து காத்திருப்பதுபோல் நின்று கொண்டிருந்தார்கள். அப்பாடி..! அவனே என் சட்டையை விட்டு விட்டு முகத்தின் மீது குத்துவதற்காக நிறுத்தி வைத்திருந்த கையை தாழ்த்தி விட்டான்.போய்த்தொலை ! இந்த வார்த்தையை உதிர்த்துவிட்டு விலகி சென்றுவிட்டான். ஒரு பெரு மூச்சு விட்டு அப்பாடி தப்பித்தேன், என்றவன் தோளை குலுக்கி சுற்றி உள்ளவர்களை பார்த்தேன். அவர்கள் பெரும் ஏமாற்றத்துடன் காணப்பட்டது தெரிந்தது. அடிக்காமல் விட்டு விட்டானே, என்ற ஏமாற்றம்தான் கண்களில் தெரிந்தது.. எனக்கு புரிந்தது. போங்கடா நீங்களும்....என்பது போல பார்த்துவிட்டு வேகமாக நடையை கட்டினேன்.

இவர்கள் அனைவரும் என்னை அடிப்பதை ஆர்வமாக காண்பதற்கு காரணம் இருக்கிறது,அது என் தொழில் சம்பந்தப்பட்டது.நான் ஒரு பத்திரிக்கை நிருபர் என்று சொல்லிக்கொள்கிறேன்.ஆனால் எந்த பத்திரிக்கையும் என்னை நிருபராக அங்கீகா¢ப்பதில்லை, காரணம்,அவ்வப்பொழுது நான் கொடுக்கும் கிசு கிசு தகவல்களை கொடுத்து பணம் சம்பாதித்துக்கொள்வேன்.அதற்கு மட்டுமே என்னை உபயோகப்படுத்தி கொள்கிறார்கள். எனக்கும் இதுதான் பிடித்திருக்கிறது. இந்த வேலை சாதாரண வேலையில்லை.

எப்பொழுதுமே ஒருவர் நல்லவராக இருக்க முடியாது, இது என்னுடைய கோட்பாடு. இதுதான் என்னுடைய தொழிலுக்கு பலமே. உலகத்தில் எல்லோருமே நல்லவராக இருக்கமுடியாது, அது போல எல்லோரும் கெட்டவர்களாக இருக்கமுடியாது. நீங்கள் ஒழுங்காக வேலைக்கு சென்று, குடும்பத்தை காப்பாற்றிக்கொண்டு வந்தால் அது செய்தியா? உங்களை மெதுவாக பின் தொடர்ந்து ஏதோ ஒரு கட்டத்தில் சிறு தவறை செய்துவிட்டீர்கள் என்றால் அது என்னைப்-போன்றவர்களுக்கு வருமானம் தரும் செய்திதானே. இதைத்-தான் நான் செய்கிறேன். ஆனால் இந்த மக்களுக்கு பிடிக்-கமாட்டேன் என்கிறதே? ஆனால் ஒன்று சொல்கிறேன் இந்த மக்களை பற்றி தெரிந்து கொள்ளுங்கள்.இப்பொழு-தெல்லாம் பத்திரிக்கையில் என் பெயர் வந்துவிட்டதே என்று நிறைய் பேர் கவலைப்படுவதே இல்லை.அதனால் அவர்க-ளுக்கு சமுதாயத்தில் அந்தஸ்து கூடிவிட்டதாகவே நினைக்-கிறார்கள்.

நம் மக்கள் முடிந்தால் அவ்ர்களை தலைவர் அந்தஸ்-துக்கு கொண்டு செல்ல தயாராகவே இருக்கிறார்கள்.ஆரம்-பத்தில் என்னால் பாதிக்கப்பட்டவர்கள் என்னை அடிப்பதற்கு கூட ஆள் வைத்ததுண்டு, அதன்பின் அவர்களுக்கு சமுதா-யத்தில் கிடைக்கும் அந்தஸ்தை கண்டு நன்றி சொல்லிவிட்டு போனவர்களும் உண்டு. ஒரு காலத்தில் தன் பெயர் வெளி வந்துவிட்டதே என்று கவலையால் துவண்டு போனவர்கள் உண்டு. இன்று அவர்களுக்குத்தான் சமுதாயத்தி மதிப்பு. சரி இனி கதைக்குள் நுழைவோம்.

என்னை அடிக்க வந்தவ்ன் பெயர் முருகன். ஊர் திரு-நெல்வேலி பக்கம். நல்ல பையன் தான்.ஆரம்பத்தில் ஒரு இடத்தில் வேலைக்கு சேர்ந்து ஓட்டுநர் தொழில் கற்று அதன் பின் மெல்ல முன்னேறி இன்று நடிகை வாணி அவர்களுக்கு ஓட்டுநர் மற்றும் பாதுகாவலனாக இருக்கி-றான். நடிகை வாணி மிக நல்ல் பெண்தான். ஆரம்பத்தில் மிக நல்லவளாக இருந்தவளை நான் என் தொழில் திற-மையில் பத்திரிக்கையில் பெயர் வரும்படி செய்துவிட்டதால்

மிக வருத்தமுற்று என்னை நன்றாக திட்டிவிட்டார்கள். ஆனால் அதன்பின் அவர்கள் மார்க்கெட் ஏறுமுகமாகி நல்ல நிலைக்கு சென்றுவிட்டதால் என்னிடம் மன்னிப்பு கேட்டு நண்பனாக்கிக்கொண்டார்கள். அவர்களிடம் முருகன் இருந்ததால் எனக்கு ஒன்றும் நட்டமில்லை.மிக நல்ல பையன். ஒரு முறை எங்கோ வெளியில் செல்லும்போது கையில் கணக்கு காட்ட முடியாத பணம் வைத்திருந்ததாக ரோந்து சென்ற காவல் துறையிடம் சிக்கிக்கொண்டான். அந்த செய்தி என் காதுகளுக்குத்தான் கிடைக்க வேண்டுமா?சாதாரண முருகன் காவல் துறையிடம் மாட்டுவது செய்தியல்ல,புகழ்பெற்ற நடிகையின் ஓட்டுநர் மாட்டுவதுதானே செய்தி.அதற்குத்தான் என்னை அடிக்க வந்துவிட்டான்.

காலம் கொஞ்சம் வேகமாகத்தான் ஓடுகிறது.இந்த நிகழ்ச்சி நடந்து மூன்று மாதங்கள் ஓடியிருந்தது.ஒரு நாள் பஸ்ஸில் சென்று கொண்டிருந்த பொழுது ஏதேச்சையாக முருகனை பார்க்க நேர்ந்தது. எங்கோ வேக வேகமாக சென்று கொண்டிருந்தான். ஒரு குறு குறுப்பு, இப்பொழுது என்ன செய்து கொண்டிருக்கிறான்?தொழில் மூளை சுறுசுறுப்படைந்தது.

நல்ல வேளை பஸ் நிறுத்தம் அடுத்தே இருந்த்து.பஸ்ஸை விட்டு இறங்கி அவனை கண் பார்வையில் வைத்து மெல்ல பின் தொடர்ந்தேன்.வேகமாக சென்றவன் ஒரு சந்தில் திரும்பினான், நானும் மெல்ல அவனை பின் தொடர்ந்தேன். அரை பர்லாங்க் நடந்தவன் ஒரு திருப்பத்தில் இருந்த ஒரு வீட்டு காம்பவுண்ட் கேட்டை திறந்து கதவை மெல்ல தட்டினான். கதவு மெல்ல திறந்த்து.உள்ளே இருந்தவர் இவனை கண்டவுடன் கதவை திறக்க்க,இவன் உள்ளே சென்றுவிட்டான். நான் காத்திருக்க ஆரம்பித்தேன்.ஒரு மணி நேரம் கழித்து இவன் வெளியே வர கதவு உடனடியாக சாத்தப்பட்டது. வெளியே வந்தவன் விறு விறு வென நடக்க ஆரம்பித்து பேருந்து செல்லும் பாதைக்கு வந்தவன் அங்கிருந்த பஸ் நிறுத்தத்தில் காத்திருக்க ஆரம்பித்தான். நானும் காத்-

திருந்தேன். காத்திருப்பது என்பது என் தொழிலுக்கு முக்கியமானது என்பதால் நான் அதிகம் சிரமப்படவில்லை.

பஸ் ஏறியவன் அவன் இறங்கிய இடத்தை பார்த்தவுடன் கண்டுபிடித்துவிட்டேன். நடிகை வாணி அவர்களின் வீடு அங்குதான் இருக்கிறது. வீட்டை நோக்கி நடந்தவனை மெல்ல ‘முருகா’ என கூப்பிட்டேன்.திரும்பி என்னைப்பார்த்தவன் முகம் மாறி பின் சகஜ நிலைக்கு வந்தது.என்ன நாரதரே?எப்படி இருக்கறீங்க?கேட்டவனின் கேள்வியில் நையாண்டி! நானும் பதிலுக்கு முருகா இந்த நாரதா¢ன் கலகம் நன்மையில்தான் முடியும் தெரிந்து கொள்? என் விசயத்துல அப்படி ஒண்ணும் தெரியலயே?

இப்பக்கூட பாரு நீ எங்கிருந்து வர்றேன்னு என்னால சொல்ல முடியும். ஆனா உன்னை இனிமேல் தொந்தரவு பண்ண வேண்டாம்னு நினைக்கிறேன்.மெல்ல பீடிகை போட்டேன். என் பீடிகையை தெரிந்து கொண்டவன் வேண்டாம் சார், இந்த பிரச்சனையை கண்டுக்காம விட்டுடுங்க, ஏற்கனவே என்னைப்பத்தி கன்னா பின்னான்னு நியூஸ் வந்த்துல மேடம் ரொம்ப அப்செட் ஆயிட்டாங்க, தயவு செய்து இதை எல்லாம் பெரிசு பண்ணாதீங்க, எலி தானாக வலையில் மாட்டிக்கொள்கிறது, தயார்படுத்திக்கொண்டேன். இதை பத்தி மூச்சு கூட விட மாட்டேன், தைரியமா சொல்லு?

எங்கூட வாங்க என்று அவன் முன்னர் சென்ற இடத்துக்கு ஒரு ஆட்டோவை கைதட்டி அழைத்து ஏறச்சொன்னான்.ஆட்டோவை கொஞ்சம் தள்ளி நிறுத்தச்சொன்னவன் முன்னர் சென்றபடியே என்னையும் அழைத்து அந்த வீட்டின் கதவை தட்டினான். கதவை மெல்ல திறந்தவர் அவனை பார்த்து பின் அருகில் என்னை பார்த்தவர் கேள்விக்குறியாய் அவனை பார்க்க ¨தா¢யமாய் திறங்க, ‘நம்ம சார்’ தான் என்று உள்ளே அழைத்து சென்றான்.

உள்ளே மிக விசாலமாய் இருந்தது. ஒரு மருத்துவமனை எப்படி இருக்கும் அப்படி தனித்தனியாய் அறைகள் இருந்தன. ஒரு அறைக்குள் அழைத்து சென்றவன் அங்கு

படுத்து இருந்தவரை பார்த்த எனக்கு அவ்வளவு பாரிதாப-மாய் இருந்தது. சார் இங்கிருக்கவங்க எல்லாம் சொந்-தக்காரங்களால கைவிட்டவங்க, மொத்தம் பத்து பேரை வச்சு மேடம் பாத்துக்கறாங்க, ஐஞ்சு வேலயாளுங்க இங்க வேலை செய்யறாங்க, அது போக ஒரு டாக்டர் தினமும் வந்து இவங்களை ப்ரிசோதிச்சுட்டு போவாங்க, நர்ஸ்ங்க இரண்டு பேரு இருக்காங்க. இவங்களுக்கு எல்லாம் சம்ப-ளம், மத்த செலவுகள் எல்லாத்தையும் மேடம்தான் பார்த்-துக்கறாங்க.இதைய வெளிய சொல்லி விளம்பரம் செய்யறத மேடம் விரும்பறதில்ல.ஆன இதுக்காக ஆகற செலவுகளை சட்டபூர்வமான பணத்துல மட்டும் செய்ய முடியாது. அப்படி கையில ஒரு லட்சம் ரூபாய் இவங்க செலவுக்கு கொண்டு போய் கொடுக்க போன்போதுதான் மாட்டிக்கிட்டேன்.நான் சொல்லியிருந்தா அன்னைக்கு மேடத்தோட பேரு ரொம்ப பெரிசா பிரபலமாயிருக்கும்,ஆனா அதை மேடம் சொல்ல வேண்டாம் அப்படீன்னுட்டாங்க, அதனால தப்பை நானே ஏத்துகிட்டேன்.

எனக்கு பிரமிப்பாய் இருந்த்து. யாரை பாராட்டுவது இவனின் மேடத்தையா? அல்லது பேர் வரக்கூடாது என்று திருட்டுப்பட்டம் ஏற்றுக்கொண்ட இவனையா? இதில் என் தொழிலால், இவனைபற்றிய செய்தி “ நடிகை வீட்டு டிரை-வரின் கை வரிசை” என்ற செய்தியானது என் மனசை இப்-போது கனக்க செய்தது.